湖北省教育信息化研究中心
HUBEI RESEARCH CENTER FOR EDUCATIONAL INFORMATIONIZATION
CENTRAL CHINA NORMAL UNIVERSITY

乐造 LEZAO

爱上机器人
Robot: making on your time

ROBOMASTER

机甲大师成长指南

用 RoboMaster 机器人入门人工智能

机甲操控和编程学习结合 + 通过20个项目由浅入深学习人工智能 + 培养学生高阶逻辑思维和实践能力

■ 吴鑫 编著

人民邮电出版社
北京

图书在版编目（C I P）数据

机甲大师成长指南 ：用RoboMaster机器人入门人工
智能 / 吴鑫编著. -- 北京 ：人民邮电出版社，2021.10
（爱上机器人）
ISBN 978-7-115-57098-7

Ⅰ. ①机… Ⅱ. ①吴… Ⅲ. ①智能机器人－青少年读
物 Ⅳ. ①TP242.6-49

中国版本图书馆CIP数据核字(2021)第162431号

内 容 提 要

机甲大师（RoboMaster）是大疆创新公司基于人工智能技术推出的第一款专业教育机器人，其可玩性、开放性和竞技性都有鲜明特点。RoboMaster 机甲大师赛自 2015 年起已举办多年，有较大的社会影响力，本书是适配大疆创新机甲大师赛的人工智能基础教程。

本书以机甲大师 RoboMaster S1 为工具，采用“教学做合一”的方式编排内容，通过 5 个板块（临阵磨枪、大师启程、进阶战斗、披荆斩棘、强化改装）进行编程与操控双线螺旋结构的项目式学习，在培养学生高阶计算思维能力的同时，锻炼他们的动手实践能力。书中提供的 20 个实例将帮助孩子拿到人工智能的一把金钥匙，助力孩子成为机甲大师。

本书主要适用于小学高年级学生和初中学生，可适配相关社团课程和普及课程，也可以作为机甲大师爱好者学习、研究的参考资料。

◆ 编　　著　吴　鑫
　责任编辑　周　明
　责任印制　陈　犇
◆ 人民邮电出版社出版发行　　北京市丰台区成寿寺路 11 号
　邮编　100164　　电子邮件　315@ptpress.com.cn
　网址　https://www.ptpress.com.cn
　雅迪云印（天津）科技有限公司印刷
◆ 开本：787×1092　1/16
　印张：13.25　　　　　　2021 年 10 月第 1 版
　字数：251 千字　　　　　2024 年 10 月天津第 11 次印刷

定价：99.80 元

读者服务热线：(010) 53913866　印装质量热线：(010) 81055316
反盗版热线：(010) 81055315
广告经营许可证：京东市监广登字 20170147 号

序言

人工智能的迅猛发展将深刻改变行业对人才的需求和教育形态。国家高度重视人工智能教育的发展，积极推动人工智能在教学、管理等方面的应用，并利用人工智能技术加快推动人才培养模式与教学方法改革。随着人工智能与教育的不断深入融合，人工智能技术作为工具，正在改变教与学的方式。人工智能技术作为内容，正在逐步丰富课程资源；人工智能技术作为理念，开始深入影响教育理念、教育文化和教育生态。2017 年 7 月，国务院印发的《新一代人工智能发展规划》中明确指出，“实施全民智能教育项目，在中小学阶段设置人工智能相关课程，逐步推广编程教育，鼓励社会力量参与寓教于乐的编程教学软件、游戏的开发和推广”。2018 年 4 月，教育部印发的《教育信息化 2.0 行动计划》中指出要完善课程方案和课程标准，充实适应信息时代、智能时代发展需要的人工智能和编程课程内容。在中小学开设人工智能课程，在小学、初中、高中分学段、系统化地进行人工智能教育，已成为推进教育智能化的重要工作内容。

当前，人工智能课程的实施大多以智能教育机器人（如大疆创新教育机器人 RoboMaster S1）为教学支撑平台。智能教育机器人已成为培养学生计算思维、编程能力、创新能力的重要载体。《机甲大师成长指南——用 RoboMaster 机器人入门人工智能》一书，从小学生日常生活出发，凸显“做中学”的教育理念，利用大疆创新教育机器人 RoboMaster S1，通过一个个生动有趣的探究与实践活动展开课程设计，突出了生活性和趣味性，为刚刚接触人工智能教育的学生提供了一系列可选的人工智能体验活动。

总体而言，本书有以下 3 个特点。

一是写作视角新颖，注重虚实融合。本书从学生学习视角出发，基于线上编程体验与线下机器调试相结合的虚实融合方式，引导学生自主观察、自主编程、自主操练技能，

使学生更专注于人工智能的关键概念，降低认知负荷，同时通过真实的、直接的触摸，锻炼学生的实际操作技能，引起学生积极的心理变化。

二是体验感强，紧贴学生日常生活。活动主题的选取立足学生日常生活，注重学生体验感，比如趣味打地鼠、飞车炫漂移、秒射九宫格、威猛机械爪、无限充电桩等活动，大幅度提升学生的参与度和学习兴趣。

三是进阶有度，内容设计合理。书中内容设计由浅入深、从外向内，通过机器搭建与基础、机器通用模块简单应用、机器智能模块深度应用、机器竞技应用、机器创意改造等，逐步进阶，应用逐渐深入。

希望本书的出版，能够为基础教育人工智能课程提供实践案例，推动人工智能课程在中小学校落地，期待更多的一线优秀教师加入人工智能课程建设和课堂实践的队伍，共同推进我国基础教育人工智能课程普惠式发展。

华中师范大学人工智能教育学部　张屹

2021 年 7 月

前言

自国务院《新一代人工智能发展规划》和教育部《高等学校人工智能创新行动计划》印发以来，投身于教育领域的众多科技企业和学校积极行动，推出了许多符合各阶段学生年龄特点的编程教育产品，积极响应国家对“实施全民智能教育项目，在中小学阶段设置人工智能相关课程，逐步推广编程教育，鼓励社会力量参与寓教于乐的编程教学软件、游戏的开发和推广”的要求。

人工智能编程教育产品种类繁多、形态各异，学生每学习一种，就要付出相应的学习成本，这在不同程度上降低了学生的学习效率，提高了学习门槛，不利于学生循序渐进地学习和终身学习习惯的养成。在学生使用的众多硬件设备中，有没有一种可以贯穿小学、初中、高中和大学的“通用、连贯式”的机器人，支持学生从入门、进阶到高手这样的阶梯学习进程？这个问题引发了我的思考。此时，深耕教育多年的大疆创新发布的机甲大师（RoboMaster）机器人进入了我的眼帘。

根据前期的个人课题研究，我对四年级 477 名学生进行了问卷调查，在“对于创客机器人最喜欢的学习方式”这个问题中，有 20.96% 的人回答喜欢问老师，18.45% 的人回答喜欢通过书本学习，由此可见，一本好书的重要程度相当于一位好老师。

RoboMaster 机甲大师赛从大学发起，在中小学基础教育领域内普及化不足，针对这个问题，同时为了促进学生人工智能编程的入门学习，我撰写了本书。秉承卢梭“自然教育”和陶行知“教学做合一”的教学思想，本书坚持以第一人称行文，从学生的视角和认知模式出发，带领他们观察新事物、学习新知识、练就新本领。书中以编程与操控双线螺旋结构开展项目式学习，旨在培养学生高阶计算思维能力的同时，锻炼他们的临场实战能力。本书主要适用于小学高年级学生和初中学生，适配社团课程和普及课程，也可以

作为机甲大师爱好者学习、研究的参考资料。

教育，是一个柔软改变的过程。创客导师是让科技真正落地于孩子这个群体的关键钥匙。希望本书能够帮助教师与学生共同进步，开启人工智能编程教育的广阔世界，并且能使读者持续地学习下去。

本书在编写过程中得到了大疆创新高级教育工程师樊泽阳，华中师范大学湖北省教育信息化研究中心的刘清堂、张屹、魏艳涛、邓伟等专家的帮助，在此表示衷心感谢！

吴鑫

2021 年 8 月

目录

第一章　临阵磨枪

本章仅设有1个主题内容：“初入大本营”。本部分以课程的主要研究方向和社团基本要求为内容，帮助学生建立整个社团活动学习内容的脉络，提供可预见的活动形式，解析机甲大师的安装方法、技巧。并且明确社团活动的基本要求和特点，包括活动规范、小组合作、职责分工等。第一次活动时，学生可能没办法立刻形成学习小组，教师需要帮助学生了解怎样建立小组，并尽快确定小组长，以便协助他们顺利完成建组。此外，本章也会帮助学生建立编程思想的“大概念”：认识到编程不仅可以了解电脑的工作原理，还可以提高自己的逻辑思维能力，更能提高自己的学习能力。另外，本章帮助学生了解当前主流编程软件的基本信息，初步分辨机甲大师编程环境中的设置、执行、事件、信息、条件等编程模块及相应的编程小技巧等。

第 1 课　初入大本营
——机甲大师的搭建与基础

活动目标

1. 知道什么是机甲大师。
2. 完成基本的机甲大师安装，学习RoboMaster软件使用技巧。
3. 能解释为什么要学习编程。

观察探究

听说老师建立了一个机甲大师社团，这个社团有 4 个特点：好玩、激烈、高阶、专业，如图 1- 1 所示。

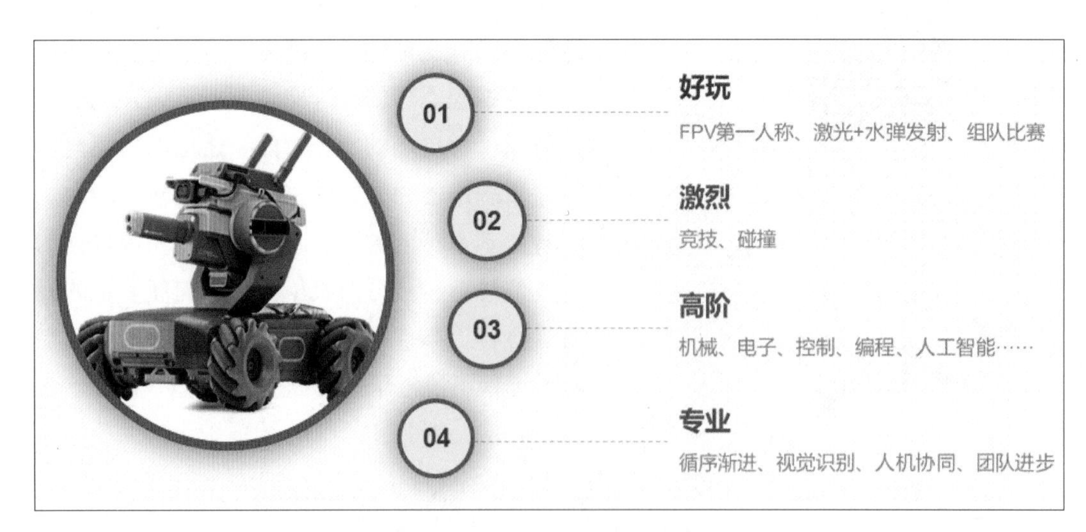

图1-1　机甲大师社团的4个特点

宣传海报一下就吸引了我的注意，图 1-1 左边显示的就是机甲大师了。提到机器人，大家并不陌生，现实世界、科幻电影或动画片里经常出现机器人的身影，它们一般具有非凡的本领。机甲大师是怎样的机器人呢？通过搜索，我们可以在大疆创新官方网站找到它的相关资料。

大师加油站

机甲大师

“机甲大师”（RoboMaster）这一名称源自享誉全球的机器人教育竞技平台——RoboMaster 机甲大师赛。机甲大师秉承寓教于乐的设计理念，是大疆创新的首款教育机器人。同学们可以为它打造独门绝技，在挑战对手的过程中收获知识、超越自我、玩出名堂！机甲大师有 8 大特点：46 个编程控制部件、6 类人工智能编程模块、高清低延时第一人称视角、图形化编程和 Python 编程、四驱全向运动系统、感应装甲、多种竞技模式、实践式新科学课程。本书使用的机甲大师型号为机甲大师 S1。

机甲大师是一款适用于中小学生的人工智能硬核教育产品，它在配备了光、声、力等多种传感器的同时，还拥有强大的中央处理器，结合了定制无刷电机、全向移动底盘和高精度云台，能让你在游戏竞技的同时，学习专业的机器人和人工智能知识。2015 年，大疆创新与共青团中央、全国学联、深圳市人民政府联合举办了首届 RoboMaster 机甲大师赛，比赛采取 5V5 的机器人射击对抗模式，吸引了国内超过 3000 名大学生参赛。2017 年，大疆创新开始发展机甲大师教育，从高校向下拓展到中小学。2018 年，由步兵机器人衍生的机甲大师 S1 试产，样机在大疆创新夏令营中进行了试用。2019 年，机甲大师 S1 正式发布，2020 年，大疆创新又推出了升级版机甲大师 EP。

太厉害了！一看它的包装盒，我就心动不已了！ 图 1-2 所示是搭建好的机甲大师，图 1-3 所示是机甲大师的外包装盒。

图1-2　搭建好的机甲大师

图1-3　机甲大师的外包装盒

做中学练

通过努力，我终于和小伙伴们加入了机甲大师社团，我们愿意遵守社团活动要求，并且我们成立了学习小组，我担任的职务是__________。

一、搭建机甲大师

1. 组装零部件

机甲大师整体结构从上到下由 5 部分组成，如图 1- 4 所示，分别是：①智能中控、②云台、③发射器、④底盘、⑤装甲皮肤系统。我们小组认为最高效的组装顺序是：________________。

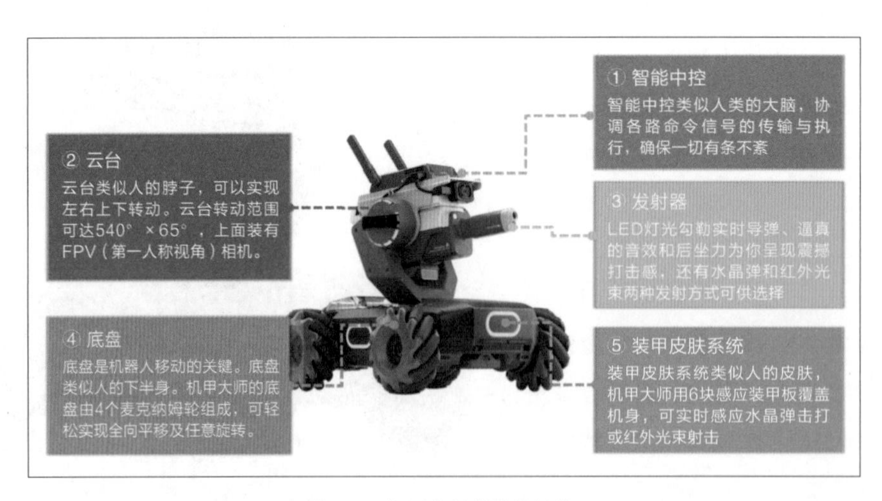

图1-4　机甲大师的整体结构

打开包装盒，机甲大师的零部件如图 1- 5 所示，我们的第一步是正确组装机甲大师。大疆创新官方网站有整机安装步骤视频，大家可以在网上搜索观看。

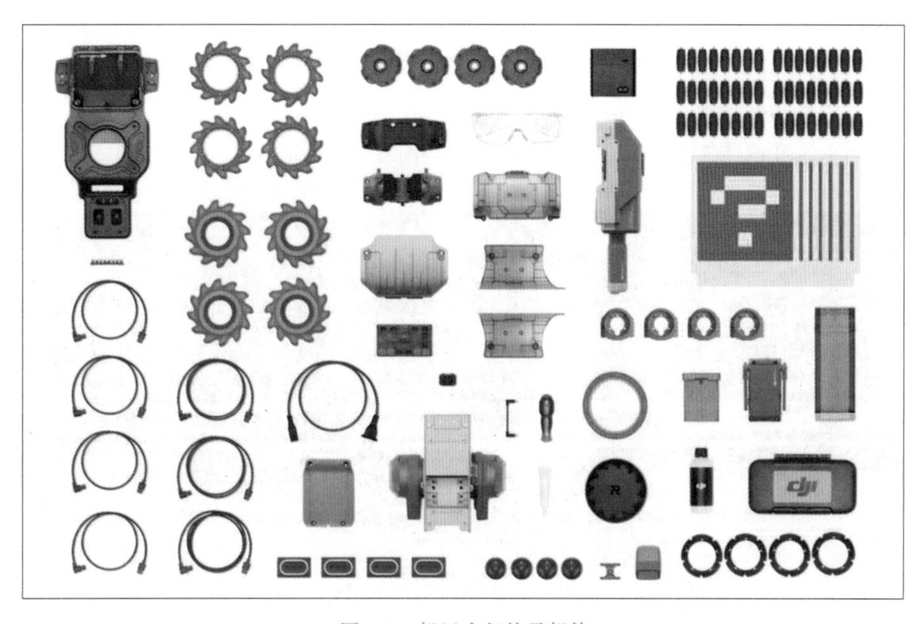

图1-5　机甲大师的零部件

2. 交流组装经验

通过实际组装机甲大师，有些小伙伴们可能已经发现了组装过程中的一些小问题。我决定把我的 5 个小经验和大家交流一下，如图 1- 6 所示。

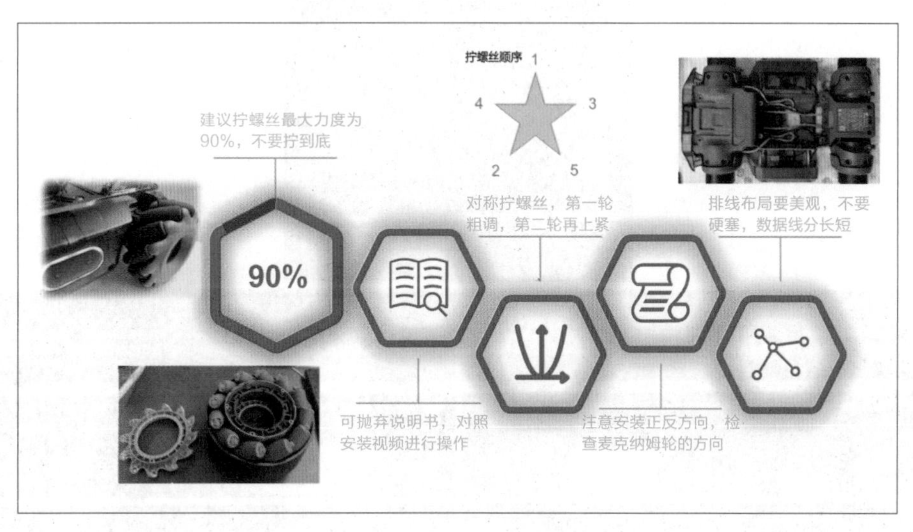

图1-6　经验分享

二、安装并连接软件RoboMaster

在大疆创新官网，我们可以找到机甲大师配套软件 RoboMaster 的下载地址，下载软件，并将其安装到电脑和手机里。

打开软件，可以看到很酷的初始化界面，如图 1- 7 所示。

图1-7　软件初始界面

单击右上角的连接按钮，可以看见 2 种连接方式：直连模式和路由器模式。根据 App 提示，就可以顺利连接机甲大师了，如图 1- 8 所示。

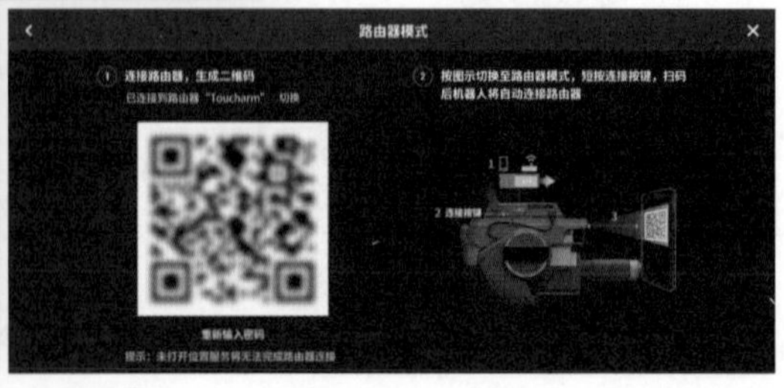

图1-8　连接机甲大师

单击“实验室”→“我的程序”→“新建程序”，进入图形化编程界面，仔细浏览这些图形化模块，大家就能了解各部分模块的作用了，如图 1－9 所示。

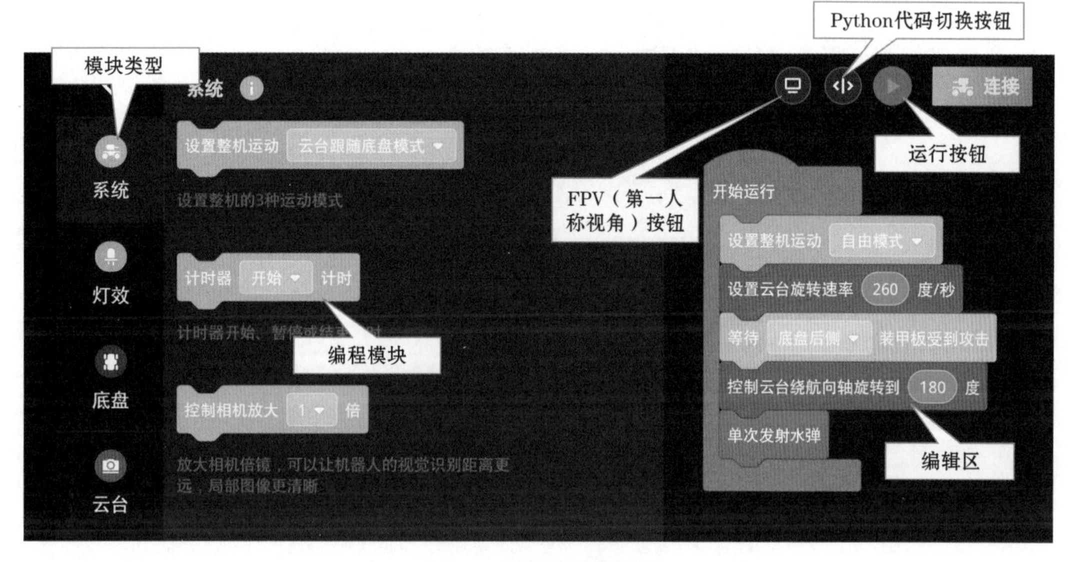

图1-9　图形化编程界面

细心的队员可能已经发现相同颜色的编程模块，一般属于一个类型。绿色的模块属于______、蓝色的模块属于______、黄色的模块属于______、橙色的模块属于______、深蓝色的模块属于______，如图 1－10 所示。

模块类型	类型说明	模块示例
设置类	设置参数，如速率、频率、数量等	设置　所有　LED 闪烁　2　Hz
执行类	控制机甲大师执行相应指令	控制底盘向　0　度平移　1　秒
事件类	事件触发模块，当满足触发条件时，会立刻跳出主线程，开始运行事件类模块内的程序	当　任一　装甲板受到攻击
信息类	信息获取模块，返回获取到的变量、列表等不同类型的数据	识别到的视觉标签信息
条件类	条件判断模块，根据是否满足条件执行相应的指令	如果　然后

图1-10　模块类型说明

拓展反思

通过使用软件 RoboMaster，我们发现了一些小技巧，如图 1- 11 所示。

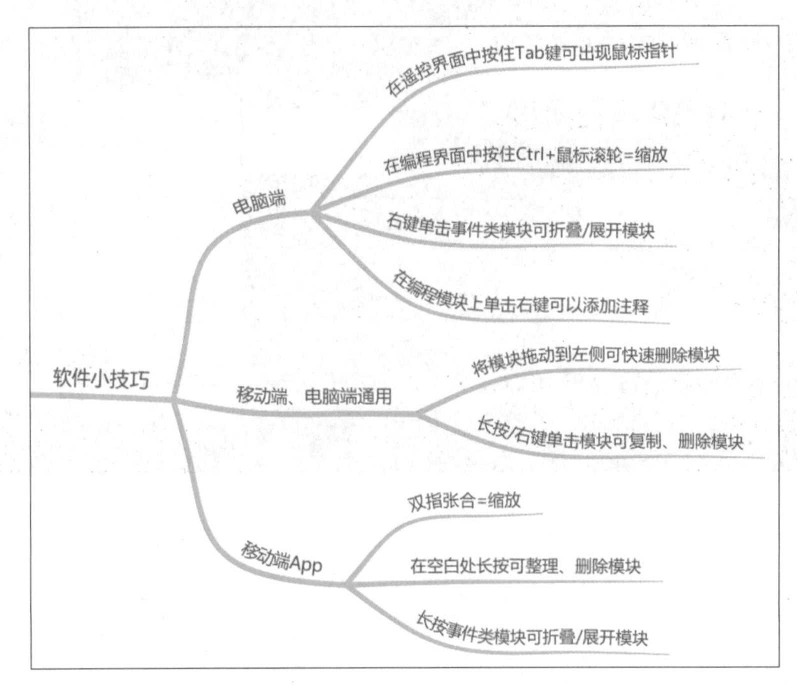

图1-11　软件RoboMaster的使用技巧

这些小技巧可以进一步提高大家的编程效率。这不禁让我们思考：编程的含义是什么？我们又为什么要学习编程呢？同学们纷纷发表了自己的看法。请把你的想法记录在下方。

效果评价

我对自己本节课学习的评价是（请按掌握程度给星星涂色，5 颗星表示满分）：

1. 我能说出机甲大师的由来	☆☆☆☆☆
2. 我能够正确安装机甲大师软硬件	☆☆☆☆☆
3. 我能掌握软件 RoboMaster 的使用技巧	☆☆☆☆☆

课后挑战

现在，我终于知道机甲大师到底是什么了，我还想知道：

- RoboMaster 中还有哪些编程小技巧？
- 为什么说图形化编程工具最适合初学者？它有哪些优缺点？

第二章　大师启程

本章包括“炫彩灯光秀”“巡逻小卫士”“趣味打地鼠”“奇技自定义”“闪避攻击战”5个主题内容。学生从基础的LED设置开始，学习RGB色彩模式原理，并结合机甲大师底盘的不同运动状态，观察底盘与云台的不同组合可以实现的效果。本章还以游戏设计的方式帮助学生理解条件判断模块的逻辑性，使学生能够在对战中使用自定义的简单“扭腰”程序躲避对方设计的弹丸，训练自己的实战技巧。本章还向学生解释了麦克纳姆轮的来源与结构，通过对麦克纳姆轮进行受力分析和独立编程设置，帮助学生理解机甲大师转弯、“刷锅”等运动方式，使学生习得一定的物理知识。

第2课　炫彩灯光秀

——RGB LED

活动目标

1. 知道色光的三原色，并理解RGB LED的变色原理。
2. DIY一套机甲大师彩色灯光。

观察探究

在上次的活动中，同学们发现机甲大师开机之后，装甲板和云台会闪烁白光，连接手机和电脑后，灯光变成了青色，机甲大师就像变色龙一样，如图 2-1 所示。为什么机甲大师能变色呢？

图2-1　机甲大师不同颜色对比

大家分头查阅资料，原来这其中的奥秘是发光二极管（LED）呀。

大师加油站

RGB LED变色原理

RGB LED 是由红、绿、蓝 3 种颜色的 LED 组成的。也有用蓝光 LED 配合黄色荧光粉，以及紫外 LED 配合 RGB 荧光粉制成的 RGB LED。当 RGB LED 中的 3 种 LED 同时发光时，它们的色彩相混，但 RGB LED 的亮度却等于 3 种 LED 的亮度总和，即加法混合。RGB 颜色被称为加成色，因为将 R、G、B 三色光按比例混合在一起（即所有光线都反射回眼睛时）就会形成白色光。加成色多用于照明灯、电视机和电脑显示器。大多数可视光谱都可表示为 R、G、B 三色光在不同比例和强度上的混合，所以红、绿、蓝也被称为色光的三原色。

做中学练

一、改变RGB LED的颜色

解开了机甲大师变色的秘密，同学们不约而同地盯上了机甲大师上的 RGB LED，怎样让手中的机甲大师变化出自己喜欢的颜色呢？我们组打算协作探究解决方案，如图 2-2 和图 2-3 所示。

图2-2　机甲大师上的RGB LED

图2-3　在设置菜单中设置RGB LED的颜色

通过实际观察，我们发现机甲大师一共有 20 个可以单独控制色彩的 RGB LED，每个 RGB LED 可以设置多种颜色。最简单的变色方法，就是直接进入设置菜单，选择：____________________。其中，黑色代表________。

二、让每个RGB LED亮起不同的颜色

在设置菜单中设置机甲大师RGB LED颜色的方法有一个巨大的缺点，那就是每次换色时，所有的RGB LED都是统一变化颜色，不能单独换色，亮灯方式也比较单一。于是我们进入图形化编程环境，再次尝试了一番。

1 将“灯效”分类中的“底盘××LED颜色××灯效××”模块拖入编辑区。

2 将“灯效”分类中的“云台××LED颜色××灯效××”模块拖入编辑区，与第一个模块组合。

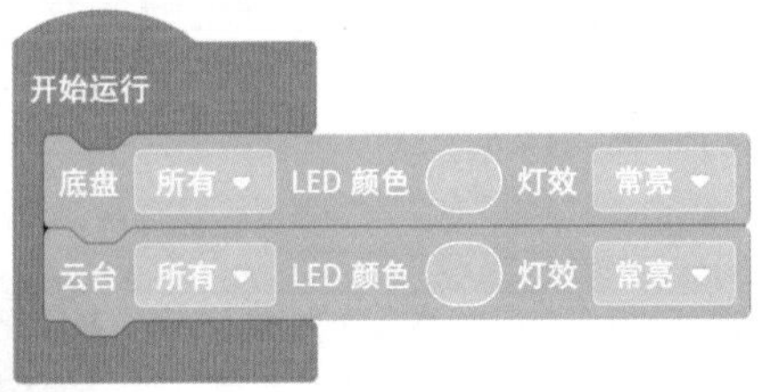

3 设置灯光位置、颜色和亮灯效果。

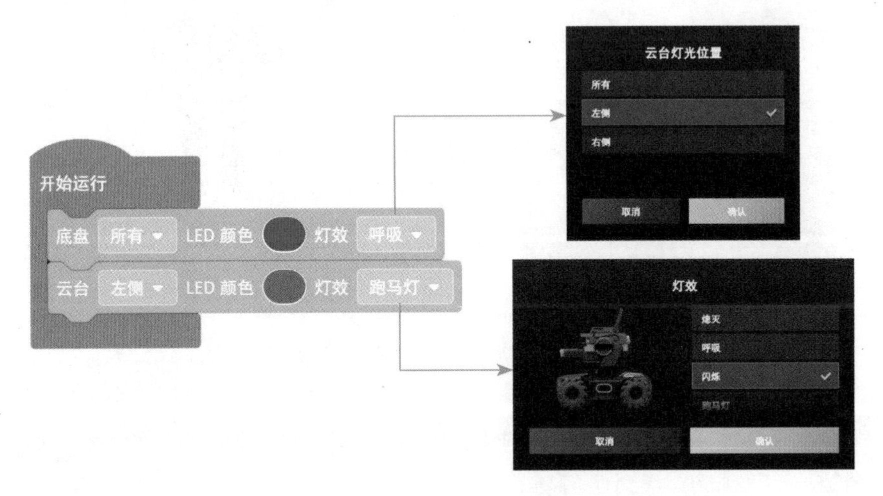

编写好程序后，大家赶紧连接上机甲大师测试效果，同学们试一试拖动LED编程模块，让每个 RGB LED 都亮起不同的颜色吧！

拓展反思

有同学问，谁能设置一个自动亮起七色彩虹光的程序？这激发了我的挑战欲，于是我编写了图 2- 4 所示的程序。

咦？写完程序之后，我发现还少了一种颜色，还有哪里可以发光呢？通过老师提醒，我发现原来真的还有一个地方可以发光，那就是________，如图 2-5 所示。

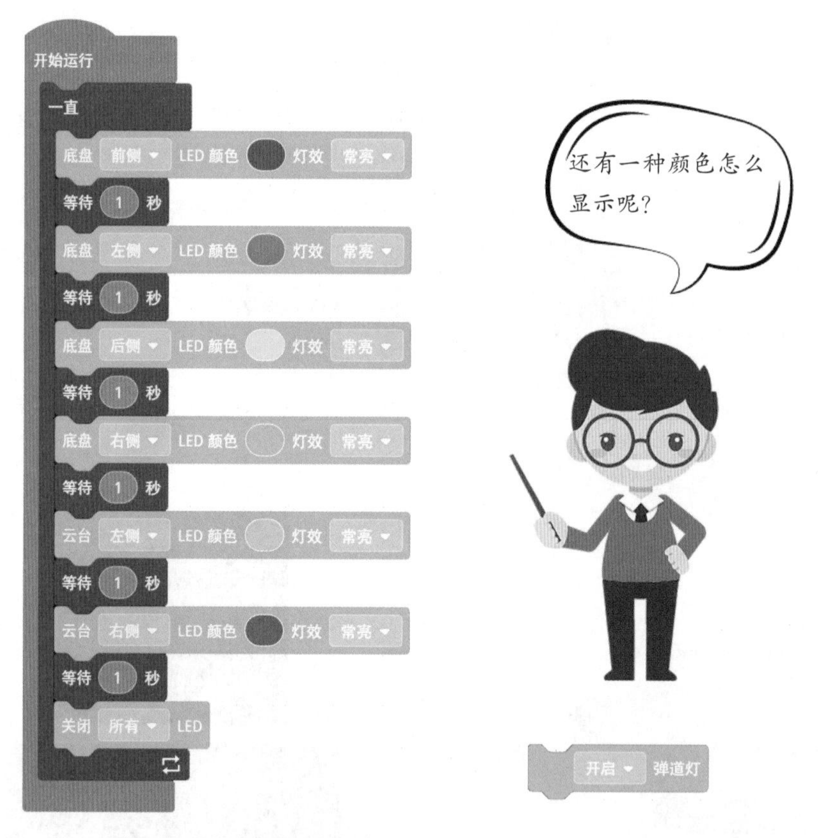

图2-4　七色彩虹光示例程序

图2-5　控制弹道灯的模块

开启弹道灯有什么作用？弹道灯是 RGB LED 吗？它可以修改颜色吗？我们在小组内讨论并且进行了测试，找到了问题的答案。

效果评价

我对自己本节课学习的评价是（请按掌握程度给星星涂色，5颗星表示满分）：

1. 我能说出 RGB LED 的变色原理	☆☆☆☆☆
2. 我能编写出七色彩虹光程序	☆☆☆☆☆
3. 我能帮助同伴解决编程问题	☆☆☆☆☆

课后挑战

现在，我可以 DIY 一个独具特色的机甲大师了！并且我准备根据自己学习情况，接受下面__________的挑战。

设计一个机甲大师灯光效果。

- 层次一：RGB LED 按顺序亮起。
- 层次二：模拟警车音效，并让 RGB LED 闪烁。
- 超级挑战：按下某个按钮，机甲大师上的 RGB LED 更换颜色。
- 终极挑战：找到设置除系统提供的 12 种颜色之外的其他颜色的方法。

第 3 课　巡逻小卫士
——底盘和云台的运动模式

活动目标

1. 正确区分机甲大师的3种运动模式。
2. 编写机甲大师行进间云台扫视程序。

观察探究

我们经常在科幻电影中看到非常酷炫的机器人巡逻卫士，图 3-1 所示的巡逻机器人看起来就很酷，要是我也能拥有自己的巡逻小卫士就好啦。

图3-1　巡逻机器人

机甲大师可以化身为巡逻卫士吗？我们需要做好哪些准备？这不禁让我们浮想联翩。为了整理思路，我打算画出思维导图。

做中学练

测试底盘运动模块

通过观察，我们发现机甲大师最灵活的两部分是云台和底盘，要想模拟巡逻效果，肯定跟这 2 个部件有关！如图 3-2 所示。

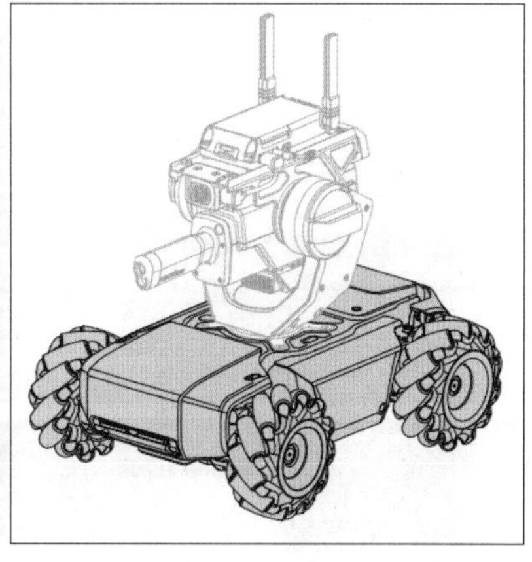

图3-2　云台和底盘

在图形化编程界面中，大家一眼就能看见了第一个模块："设置整机运动 ××"，如图 3-3 和图 3-4 所示，该模块有 3 个选项：________________、________________和________________。

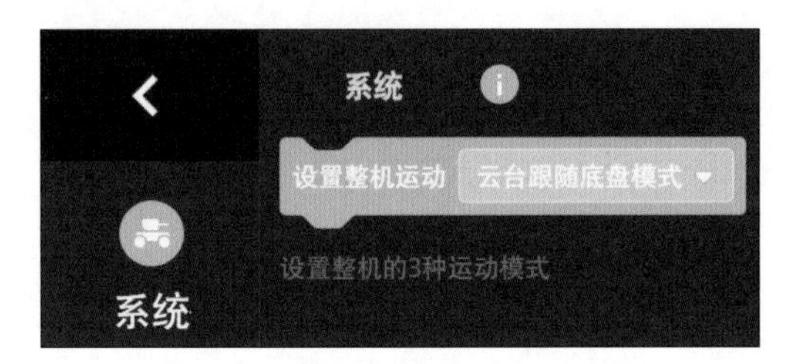

图3-3 "设置整机运动 × ×"模块

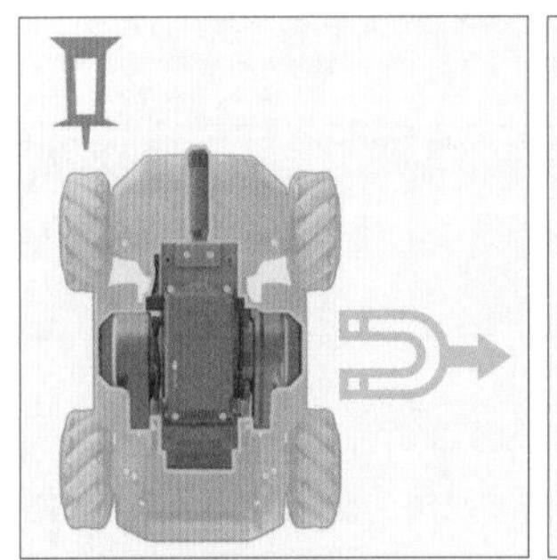

图3-4 整机运动的3种模式

为了区别 3 种运动模式，我们编写了如图 3-5 所示的程序来测试云台跟随底盘模式下机甲大师的运行效果。经测试发现两者的运行效果是________，但老师强烈建议我们，在编程的时候，一定要设置整机运动模式，避免可能产生的问题。

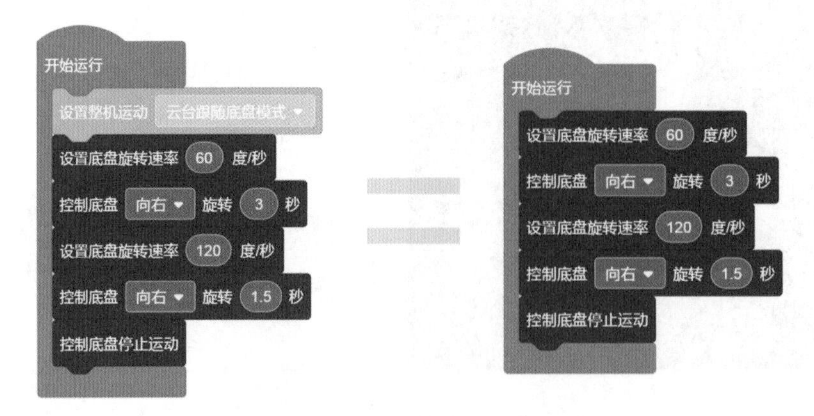

图3-5 测试云台跟随底盘模式

我们继续编写了另外两个程序，测试底盘跟随云台模式和自由模式分别是什么效果。测试完之后，大家觉得这个整机运动模式越来越有意思了。测试程序如图 3-6 和图 3-7 所示。

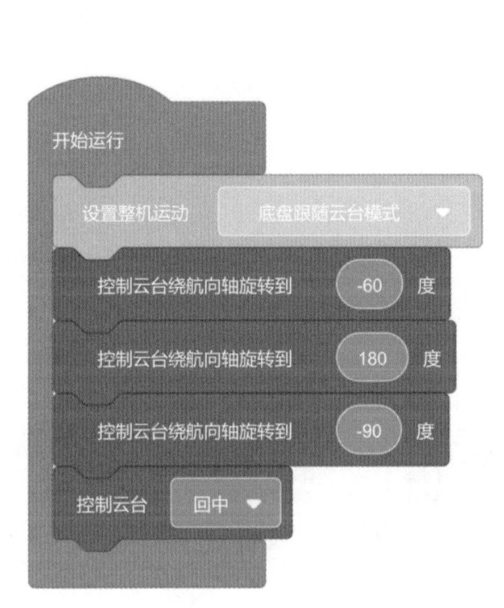

图3-6　测试底盘跟随云台模式

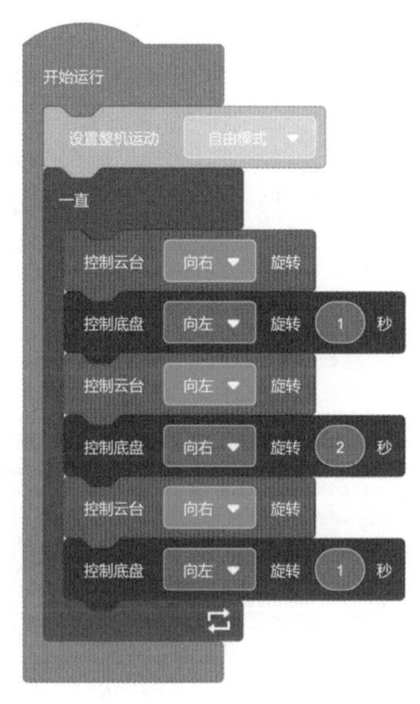

图3-7　测试自由模式

如果用云台模拟巡逻特警边走边扫视的目光，我们可以用哪些模块控制机甲大师实现类似的效果呢？这个问题萦绕在同学们的脑海里。我决定在图 3-8 所示的模块中寻找答案，我还发现了底盘旋转速率最大是 ________。

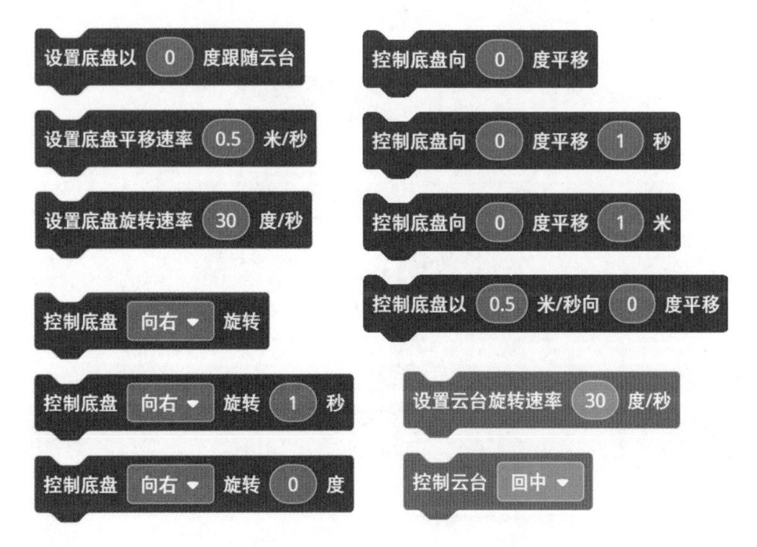

图3-8　底盘和云台可使用的编程模块

具体的编程步骤如下所示。

1 设置整机运动模式为自由模式，云台转速为 45°/s。

2 设置底盘速度与平移角度，添加灯效。

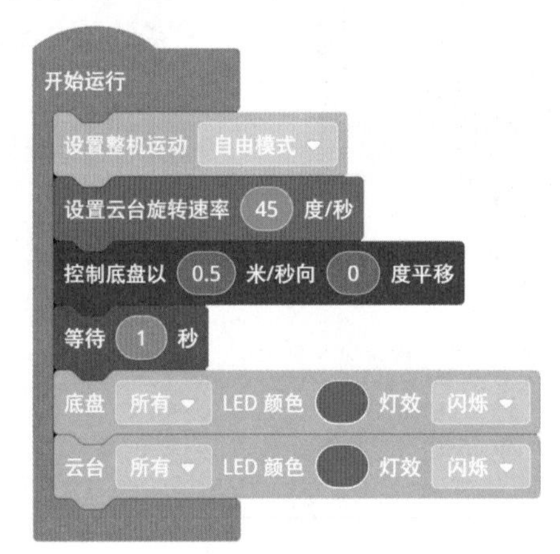

3 添加云台扫视动作和灯效。

控制云台 向右 旋转 60 度
等待 1 秒
控制云台 向左 旋转 120 度
等待 1 秒
控制云台 回中
等待 0.5 秒
控制底盘停止运动
关闭 所有 LED
停止程序

拓展反思

学到这里，我们小组打算和全班同学开展一场比赛，看谁能玩转底盘运动模块，比赛的题目叫交叉平移，即让机甲大师按图 3-9 所示的顺序进行平移。

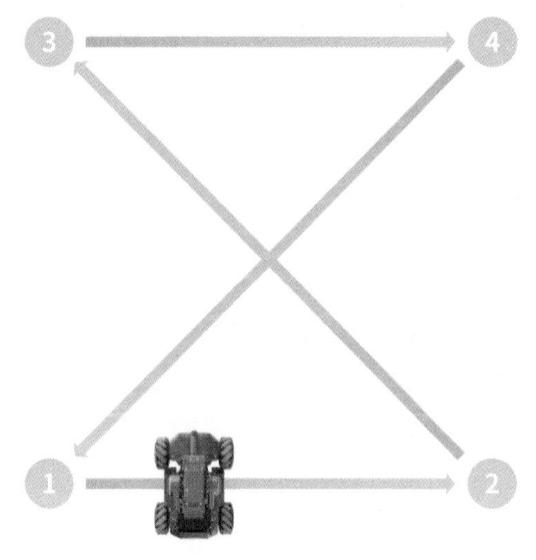

图3-9　平移顺序

通过尝试，我们组很快找到了答案，如图 3-10 所示。于是老师准备考考大家，让我们试一试等腰三角形平移，如图 3-11 所示，我写下了自己的答案。

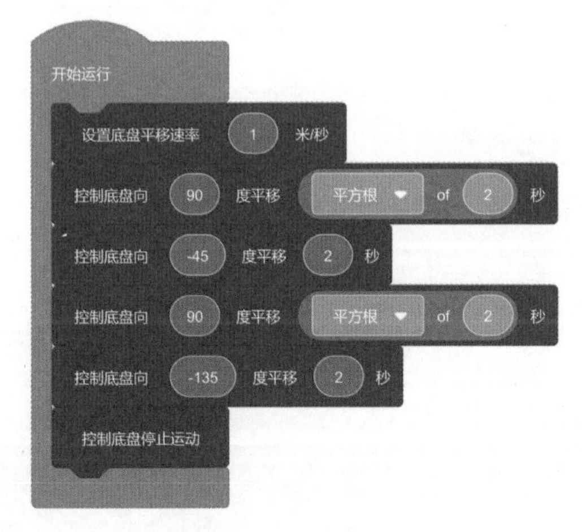

图3-10　交叉平移示例程序

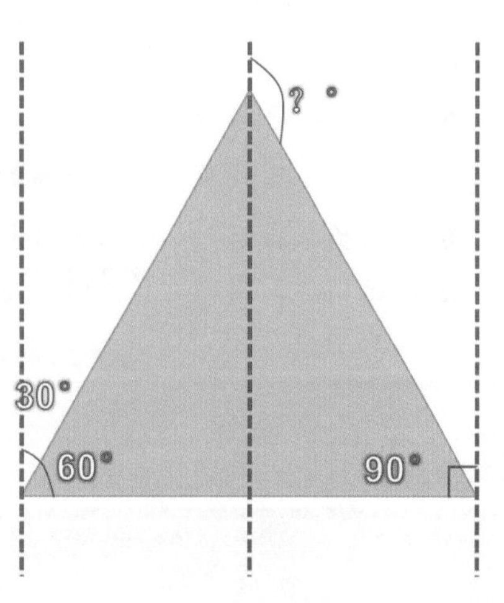

图3-11　等腰三角形平移

效果评价

我对自己本节课学习的评价是（请按掌握程度给星星涂色，5 颗星表示满分）：

1. 我能完成 3 种底盘运动测试	☆ ☆ ☆ ☆ ☆
2. 我能实现巡逻扫视的效果	☆ ☆ ☆ ☆ ☆

课后挑战

我觉得整体效果还不完美，准备继续研究，进行下面__________的挑战。

设计一个国庆阅兵动作。

- 层次一：添加云台角度敬礼效果。
- 层次二：完成层次一，并添加声音、灯光效果。
- 超级挑战：识别人体动作自动运行。
- 终极挑战：组建车队方阵，同步启动运行。

第4课　趣味打地鼠
——装甲板感应

活动目标

1. 能解释机甲大师装甲板的感应原理。
2. 标明6块装甲板对应的ID，制作一个趣味打地鼠游戏。

观察探究

图 4-1 所示的打地鼠游戏很多同学都喜欢玩，我们在之前的学习中已经利用机甲大师实现了炫彩灯光和巡逻，那是否也可以用它玩打地鼠游戏呢？机甲大师的哪些硬件可以帮助我们实现这个功能呢？带着这样的疑问，我们把目光聚焦到机甲大师的击打检测模块，如图 4-2 所示。

图4-1　打地鼠游戏

图4-2　机甲大师的击打检测模块

击打检测模块是如何判断自己被弹丸击中或被撞击的呢？这里肯定有某种传感器，同学们纷纷给出了自己的猜测。

- 重量传感器？
- 红外传感器？
- 声音传感器？
- ……

为了验证猜想，我们在老师的指导下，拆开了击打检测模块，原来里面真的有______传感器，如图 4-3 和图 4-4 所示。

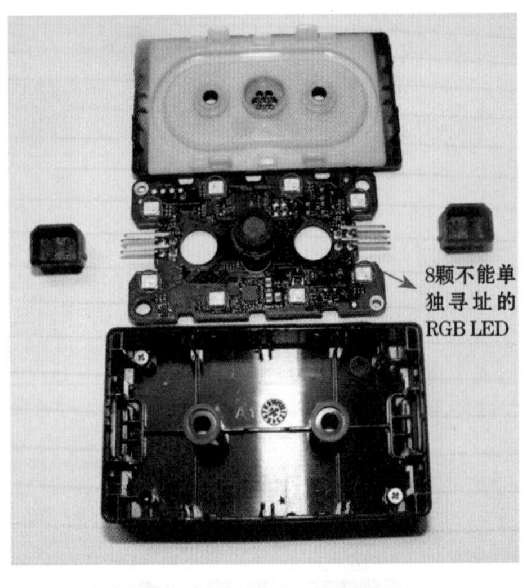

图4-3　拆开的击打检测模块

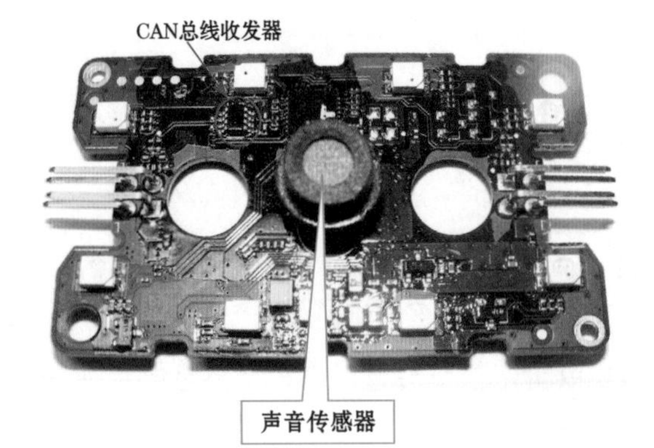

图4-4　声音传感器

为了更好地制作打地鼠游戏，我们打算分工协作，并列出了各部分模块需要实现的功能，如表 4-1 所示。

表 4-1　机甲大师各部分模块需要实现的功能

硬件 & 模块	作用
底盘和云台	模拟地鼠随机显示，用红灯代表地鼠，地鼠被击中时云台点头，击错时云台摇头
云台 RGB LED	显示得分，正确击中加一分，亮一盏灯；击错减一分，灭一盏灯
“锤子”	可以直接用手或其他物品模拟锤子击打底盘或云台两侧

做中学练

一、测试装甲板的ID和时间值

通过查阅资料，我们首先找到了装甲板对应的 ID，如图 4-5 所示。

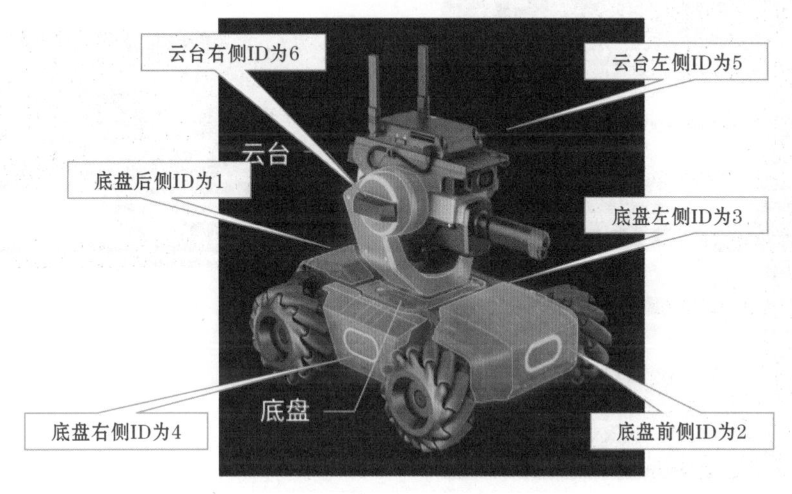

图4-5　装甲板对应的ID

我认为装甲板 ID 的作用是____，这是第一个关键点。我们编写了一个简单的程序来测试这个 ID，如果最近受到击打的是云台的装甲板，则云台所有 RGB LED 闪烁红光；如果最近受到击打的是底盘的装甲板，则底盘所有 RGB LED 闪烁红光，如图 4-6 所示。

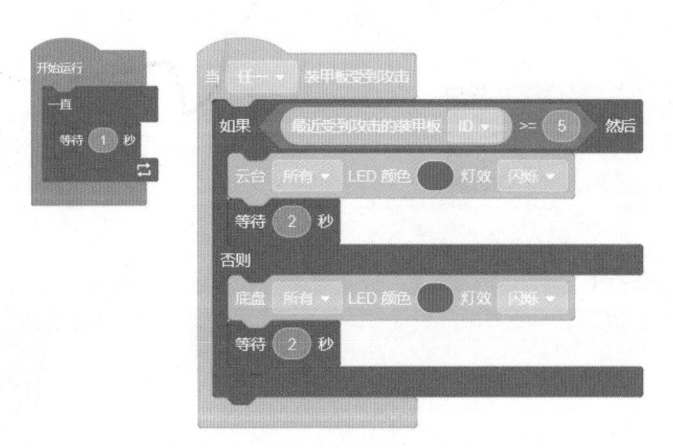

图4-6　测试装甲板ID

大家一致认为第二个关键点是时间，而在图形化编程界面中与时间相关的选择有2个：程序运行时间和整机运行时间。它们有什么区别呢？为了搞清楚这个问题，队员们依次单击 ______________________，新建了若干变量，用来临时存储一些数据，如图 4-7 所示。然后，大家编写了 2 个程序来测试程序运行时间和整机运行时间有什么不同，如图 4-8 和图 4-9 所示。

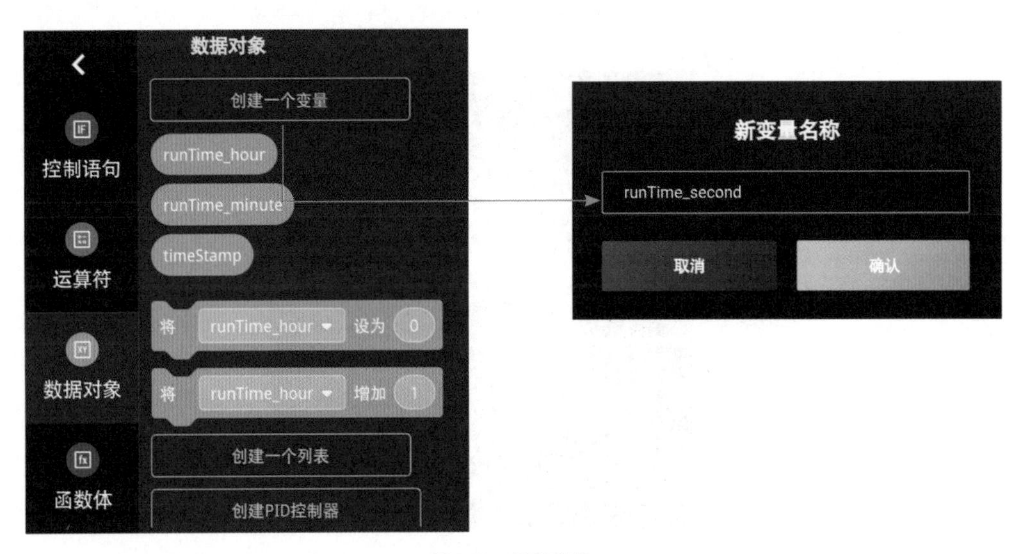

图4-7 创建变量

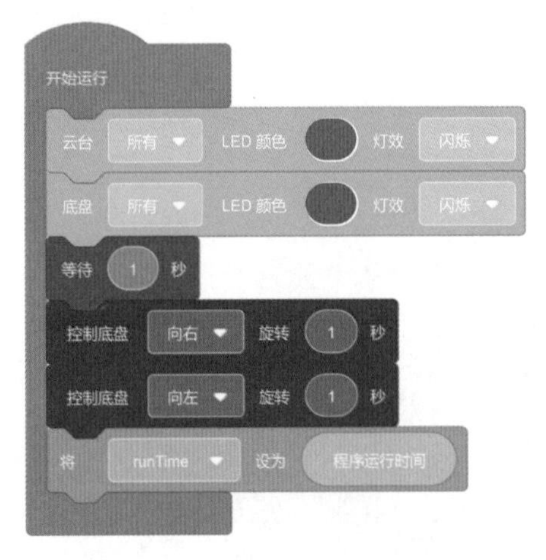

图4-8 测试程序运行时间

```
开始运行
一直
将 timeStamp 设为 整机运行时间
将 runTime_hour 设为 向下取整 整机运行时间 / 3600
将 runTime_minute 设为 向下取整 整机运行时间 除以 3600 的余数 / 60
将 runTime_second 设为 整机运行时间 除以 3600 的余数 除以 60 的余数
```

图4-9　测试整机运行时间

单击图形化编程界面右上角的图标，打开 FPV 模式界面，运行程序，我们新建的变量 runTime 就会显示程序运行的时间，如图 4-10 所示。同理，大家很快就搞清楚了整机运行时间是什么。

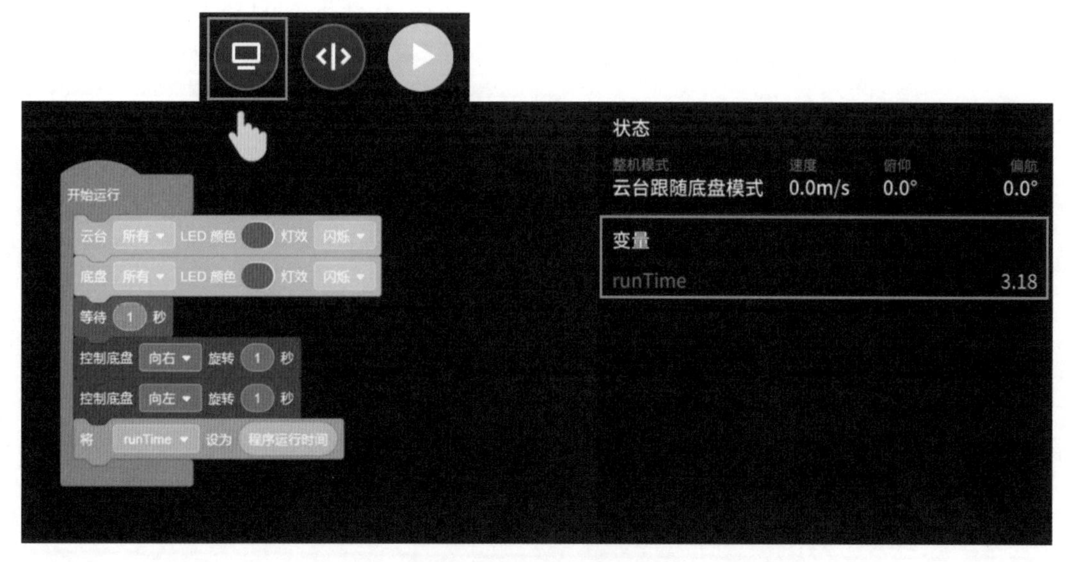

图4-10　程序运行的时间

二、编写打地鼠游戏程序

准备工作结束，回到制作打地鼠游戏，小伙伴们在编程的时候，一定要先建立一些必要的变量，如图 4-11 所示。

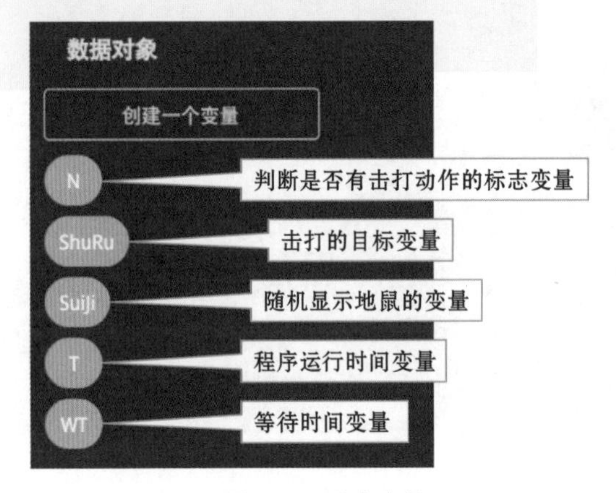

图4-11　建立变量

为了更好地编写程序，小伙伴们一起讨论分析了程序思路，这里主要分 3 部分：程序初始化、锤子和地鼠。

（1）程序初始化部分：这部分需要我们设置好云台转速、整机运动模式、装甲灵敏度、熄灭所有 RGB LED、设置程序运行时间变量 T 和等待时间变量 WT。

（2）地鼠部分：设置 RGB LED 以红光随机出现，将对应的 ID 存入变量 SuiJi。如果等待时间内没有击打装甲板，则将变量 SuiJi 清零，熄灭 RGB LED，进行下一次地鼠出现和击打判断。若游戏时间到，则游戏结束。

（3）锤子部分：击打装甲板，存入标志变量 N，击打目标 ID 存入变量 ShuRu。如果 SuiJi 和 ShuRu 相等，则表示打中地鼠，云台点头；否则云台摇头。

根据这样的分析，我们绘制了如图 4-12 所示的思维导图。

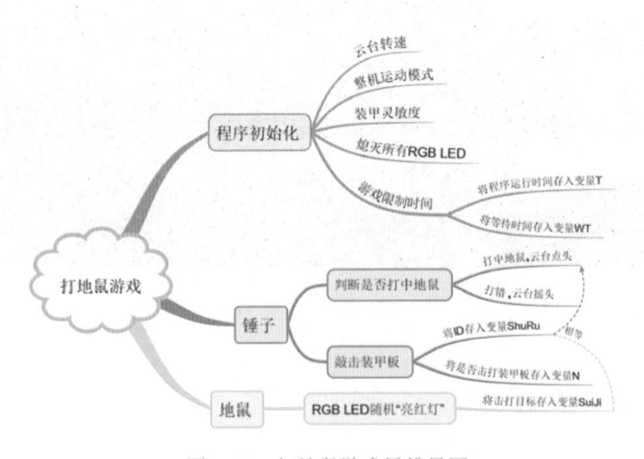

图4-12　打地鼠游戏思维导图

具体到模块，我们是这样编写的。

1 设置整机运动模式为自由模式、云台转速为180°/s、装甲板灵敏度为9、计时器开始计时。将4个新建变量N、SuiJi、WT、T的初始值分别设置为0、0、0.5和程序运行时间。

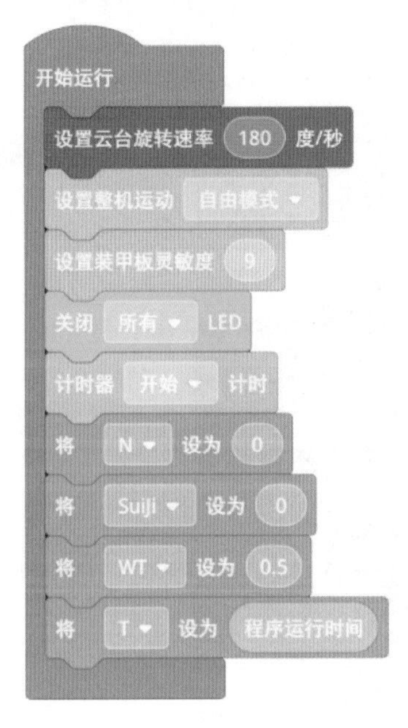

2 添加“重复直到××”模块，设置30s程序运行时间限制，其间随机让1～6号装甲板上的RGB LED亮红灯，将击打的装甲板的ID存入ShuRu变量。

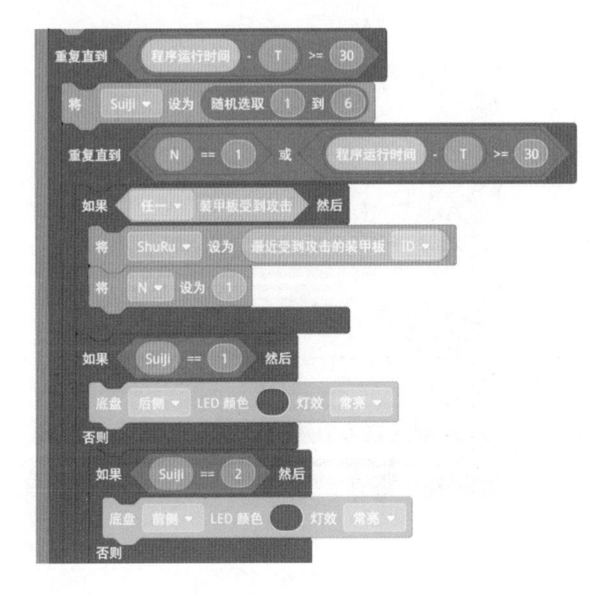

3 添加倒计时音效。判断地鼠 ID 和击打的 ID 是否相同，如果相同，表示打中地鼠，播放射击音效，云台点头；如果不相同，表示没有打中地鼠，云台摇头。

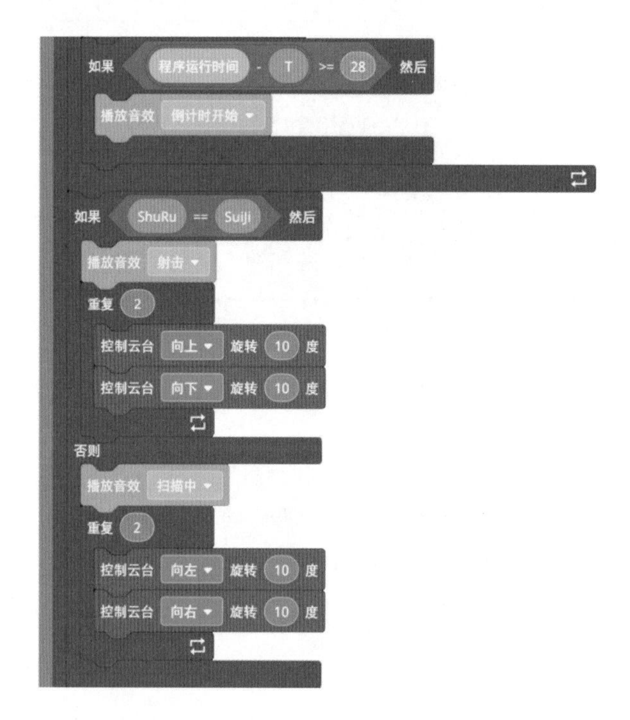

4 将击打标志位变量 N 和随机数变量 SuiJi 设置为 0，并且熄灭所有 RGB LED，等待一定时间，准备进行下一次判断。

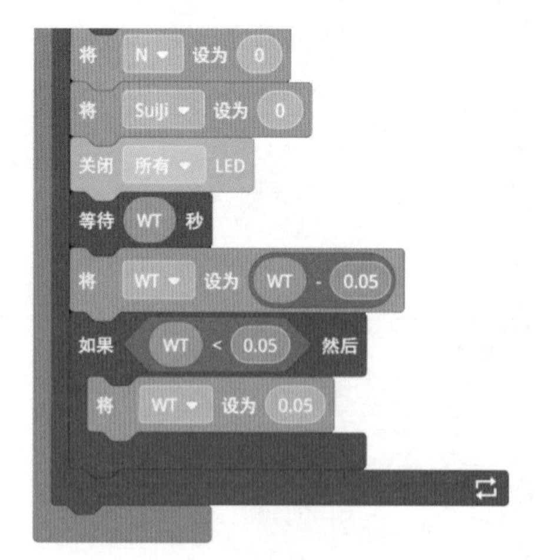

拓展反思

队长在上面的程序末尾处设置了“将 WT 设为 WT-0.05”，这个模块有什么作用呢？我觉得它的作用是：____。

另外，我觉得这个打地鼠游戏程序的显示效果没有达到预期，有继续加强的空间。比如每次打中地鼠时 RGB LED 亮蓝灯、增加分数效果显示等。请大家在前面已经编写好的程序的基础上，进行适当的修改，在下面写出自己的答案。

效果评价

我对自己本节课学习的评价是（请按掌握程度给星星涂色，5 颗星表示满分）：

1. 我能找到装甲板对应的 ID	☆☆☆☆☆
2. 我知道了击打检测模块是通过声音传感器进行感知的	☆☆☆☆☆
3. 我能编写出打地鼠游戏的程序	☆☆☆☆☆

课后挑战

我觉得用机甲大师玩打地鼠游戏机，还可以更加有趣。课后准备继续研究，进行下面__________的挑战。

设计一个打地鼠游戏。

- 层次一：顺序亮灯表示地鼠，打中地鼠则显示得分。
- 层次二：随机亮灯表示地鼠，打中地鼠则显示得分，并做某种动作。
- 超级挑战：随机亮红灯和绿灯，亮红灯时表示地鼠，打中地鼠则加分；亮绿灯时，打中亮灯的装甲板则减分，并添加声效和动作。
- 终极挑战：设置关卡和通关效果，连续打中 8 个地鼠进入下一关，难度递增。

第5课　奇技自定义
——自定义技能与扭腰反击

活动目标

1. 对比机甲大师中的普通程序、自定义技能和自主程序，并说出它们的作用及区别。
2. 学会编写扭腰反击程序，并将其装配到自定义技能中。
3. 能够利用“云台速度杆量叠加”模块，实现人与机器结合的半自动控制。

观察探究

通过前面的学习，我们已经可以通过编程来“指挥”机甲大师，让它按照我们设定的程序运动。在使用软件RoboMaster编程的过程中，我发现写好的程序有不同的预览标识，如图5-1所示。

图5-1　不同的预览标识

这些程序有的标识为自定义技能，有的标识为自主程序，有的则没有标识。为什么会有这样的区别？

单击图 5-1 中的省略号图标，我发现弹出的窗口有 3 种选择：普通程序、自定义技能和自主程序，如图 5-2 所示。

图5-2　程序的3种标识

我们在之前的学习中建立的程序都默认为“普通程序”，需要连接机甲大师才可以运行。单击图中的信息标签 ，就能知道自定义技能和自主程序的特点。如图 5-3 和图 5-4 所示。

图5-3　自定义技能的信息标签

图5-4　自主程序的信息标签

为什么机甲大师要设置 3 种不同的程序运行方式呢？它们的优缺点和适应环境分别是什么？我提议小伙伴们先交流一下自己的想法。

自定义技能可以在单机驾驶和多人对战模式中施放，这让我想到了第2课的超级挑战任务——“按下某个按钮，机甲大师上的RGB LED更换颜色”。将编写好的程序装配为自定义技能，就可以完成这个任务啦！要是能再设置一个自定义技能，在对战中快速躲避敌人的水晶弹，游刃有余地进行反击就更好了！

那什么样的自定义技能适合在对战中使用呢？在软件RoboMaster里，我们找到了一种合适的技能——扭腰反击。

大师加油站

扭腰反击战术

扭腰反击是来自华南理工大学的华南虎战队在2016年使用过的战术。在底盘来回抖动时，云台以地面为参考系保持静止，这样对方无法准确命中自己的机甲战车，同时己方的操作手还可以单独控制云台进行反击。之后，许多战队都配备了该项技能，以提高在赛场上的生存率。

做中学练

了解知识点后，在老师的指导下，我们开始编写、装配扭腰反击技能。

1 我们要调整机甲大师的整机运动模式。经过小组讨论，我们认为自由模式最适合进行扭腰反击技能。

2 添加“一直××”重复执行模块，将云台和底盘设置为反向旋转。

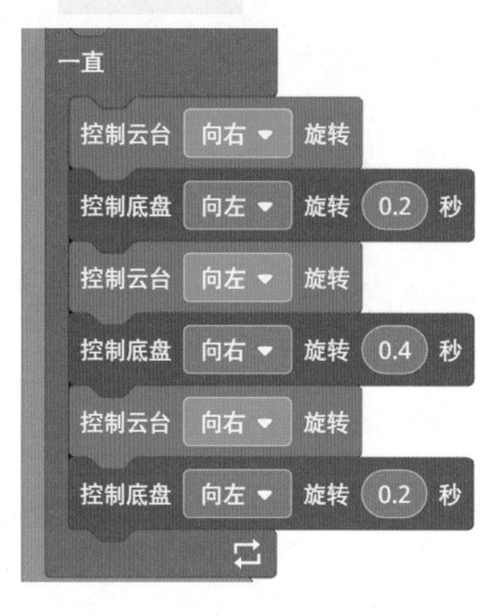

3 添加“连续发射水弹”模块。

4 装配自定义技能。

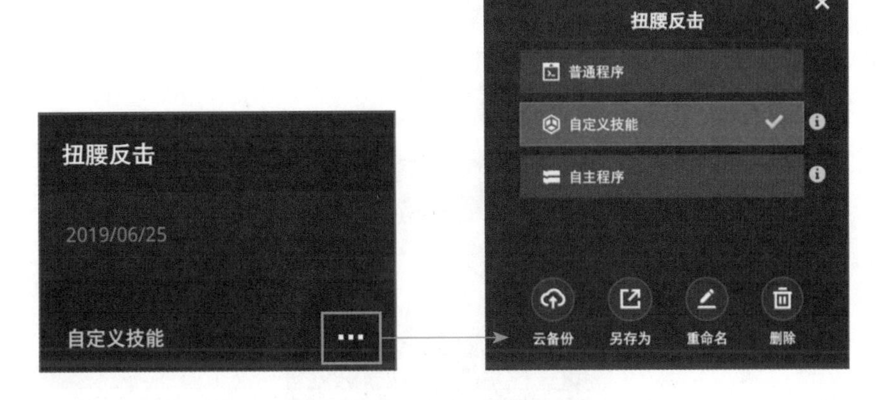

拓展反思

在FPV界面中测试程序，我们发现机甲大师一直扭腰扫射，根本无法准确攻击对象。为了提高实战效果，在老师的指导下，我们开始着手修改程序，在施放自定义技能的同时还能手动控制云台，提高命中率。

1 我们删掉了程序中所有控制云台自动旋转的模块。

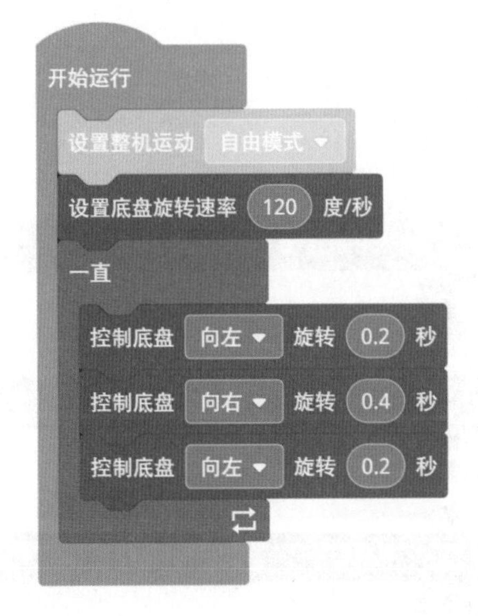

2 添加“开启云台速度杆量叠加” 模块，通过“杆量叠加”手动控制云台，实现手动与自动相结合的控制模式。

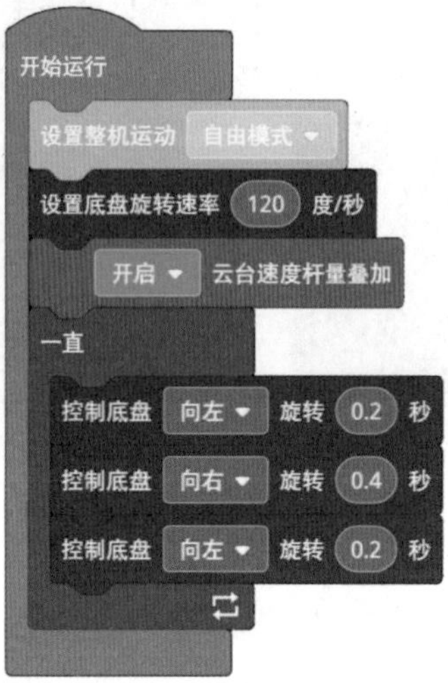

```
开始运行
  设置整机运动 自由模式
  设置底盘旋转速率 120 度/秒
  开启 云台速度杆量叠加
  一直
    控制底盘 向左 旋转 0.2 秒
    控制底盘 向右 旋转 0.4 秒
    控制底盘 向左 旋转 0.2 秒
```

通过以上两步，我们实现了人与机器相结合的半自动控制方式。在进行实战时，可以根据对方机甲的位置，发动有效攻击，大大提高实战效果。在分组对抗赛中，我们小组获得了第 ______ 名！“杆量叠加”可真是神器啊！

为了让我们更加熟练地使用半自动程序，老师让我们将图 5-5 所示的程序修改为半自动程序。

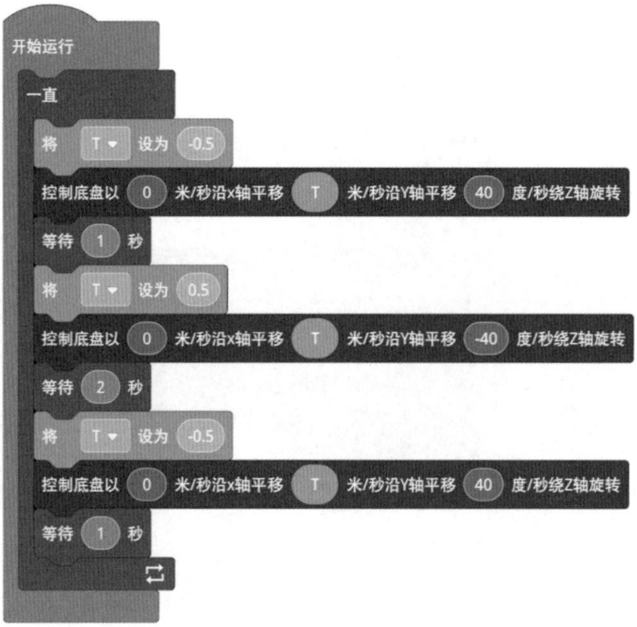

```
开始运行
  一直
    将 T 设为 -0.5
    控制底盘以 0 米/秒沿x轴平移 T 米/秒沿Y轴平移 40 度/秒绕Z轴旋转
    等待 1 秒
    将 T 设为 0.5
    控制底盘以 0 米/秒沿x轴平移 T 米/秒沿Y轴平移 -40 度/秒绕Z轴旋转
    等待 2 秒
    将 T 设为 -0.5
    控制底盘以 0 米/秒沿x轴平移 T 米/秒沿Y轴平移 40 度/秒绕Z轴旋转
    等待 1 秒
```

图5-5　程序修改练习

这可难不倒我们，经过思考后，我们修改好了程序。

效果评价

我对自己本节课学习的评价是（请按掌握程度给星星涂色，5 颗星表示满分）：

1. 我能正确区分和使用普通程序、自定义技能和自主程序	☆☆☆☆☆
2. 我能编写出扭腰反击程序，并将其装配为自定义技能	☆☆☆☆☆
3. 我能修改其他程序，实现人与机器结合的半自动控制	☆☆☆☆☆

课后挑战

这次，我学会了利用自定义技能配置扭腰反击程序，并且我准备根据自己的学习情况，接受下面＿＿＿＿＿的挑战。

在实战中综合运用自定义技能。

- 层次一：在 FPV 模式下使用自定义技能绕过某障碍物。
- 层次二：在 FPV 模式下使用自定义技能走 S 形路线绕过 2 个可乐瓶。
- 超级挑战：两机对战，使用自定义技能躲过对方的水晶弹，并打败对方。
- 终极挑战：在 1 对 2 对战中，使用自定义技能，打败对方 2 人。

第 6 课　闪避攻击战
——麦克纳姆轮与“刷锅”

活动目标

1. 能说出麦克纳姆轮的来源与结构特征。
2. 能通过编写程序控制四轮电机进行前、后、左、右、顺时针和逆时针移动。
3. 能够利用程序控制机甲大师实现“刷锅”和左右“刷锅”闪避动作。

观察探究

上一课，我们使用自定义程序为机甲大师装配了扭腰反击技能，我们发现，机甲大师能做“扭腰”这个动作，底盘的 4 个轮子起了关键作用。我们一直觉得机甲大师的轮子很特别，老师告诉我们这种轮子叫麦克纳姆轮。它有什么特殊的地方？为什么要这样排列？图 6-1 所示是机甲大师上的 4 个麦克纳姆轮，图 6-2 所示为麦克纳姆轮的结构。

图6-1　机甲大师上的4个麦克纳姆轮

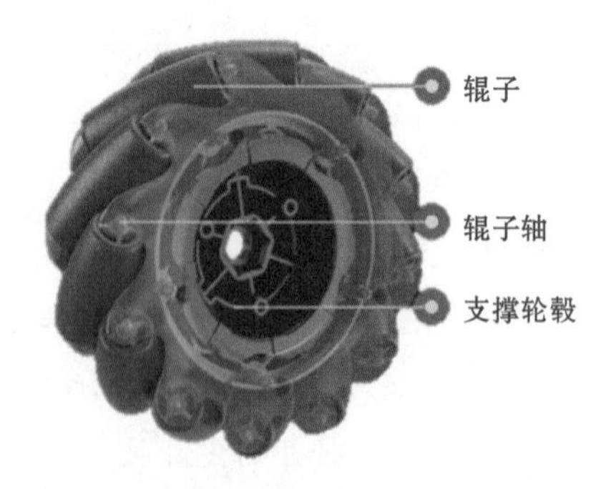

图6-2　麦克纳姆轮的结构

于是，我和小伙伴上网查找资料，终于发现了“麦克纳姆轮”的奥秘。

大师加油站

麦克纳姆轮

麦克纳姆轮是瑞典麦克纳姆公司的专利产品。麦克纳姆轮的特殊之处在于它可以全方位移动，这种全方位移动基于一个有许多周边轮轴的中心轮，这些成角度的周边轮轴可以把一部分转向力转化成法向力。这些力最终可以在任何要求的方向上产生一个合力，保证机甲大师可以在最终的合力方向上自由地移动，而不改变机轮自身的方向。

麦克纳姆轮的轮缘上斜向分布着许多小辊子，这些小辊子的母线很特殊，当轮子绕着固定的轮心轴转动时，小辊子以圆柱面连续地滚动，所以麦克纳姆轮可以横向滑移。麦克纳姆轮结构紧凑，运动灵活。用4个这种新型轮子进行组合，可以使机甲大师更灵活方便地实现全方位移动。

做中学练

一、控制机甲大师平移

1. 控制机甲大师前后平移

了解麦克纳姆轮的结构后，我们立马开始进行四轮驱动的研究。

我试着拆下了一个麦克纳姆轮，把它压在纸上前后推动，进行受力分析，如图 6-3 所示，很快就找到了问题的答案。有的小伙伴直接编写程序，连上机甲大师进行测试和调整，也得出了结论。我们用不同的方式找到了问题的答案，编写好的程序，如图 6-4 和图 6-5 所示，老师为我们竖起了大拇指！

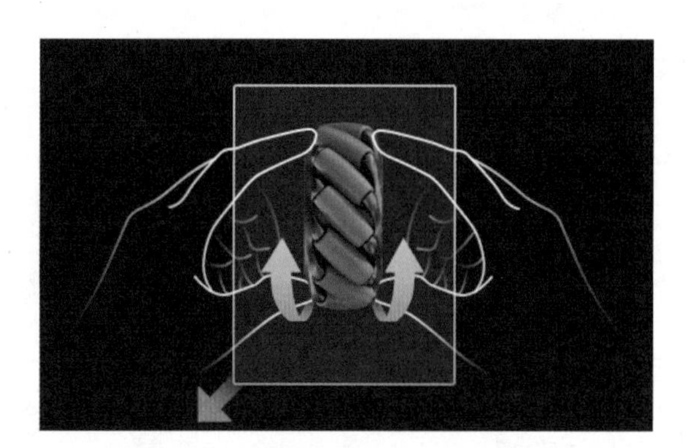

图6-3　对麦克纳姆轮进行受力分析

图6-4　控制机甲大师前进的程序

图6-5 控制机甲大师后退的程序

2. 控制机甲大师左右平移

有了经验，这次我们就可以加快分析速度了，编写好的程序如图 6-6 和图 6-7 所示。

图6-6 控制机甲大师向左平移的程序

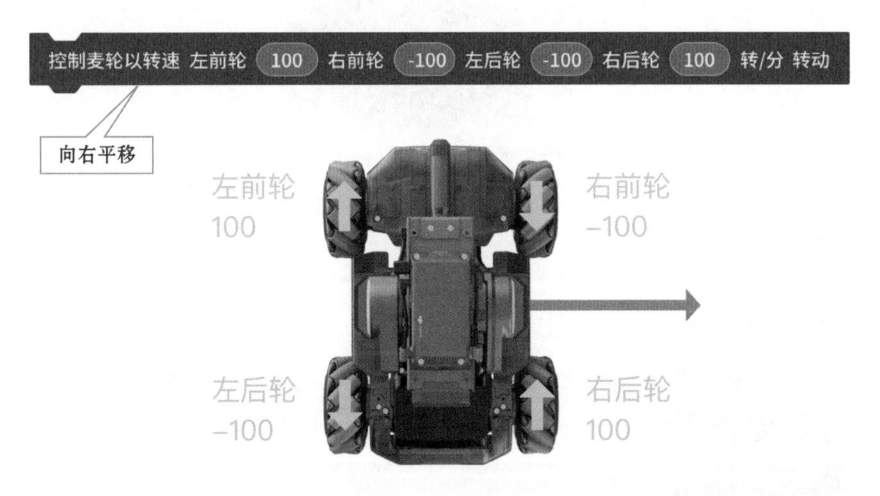

图6-7 控制机甲大师向右平移的程序

3. 控制机甲大师向左前、左后、右前、右后方移动

控制机甲大师前、后、左、右平移的程序我们都掌握了，让机甲向左前、左后、右前、右后方移动应该不难，稍加思考后，我们就能编好程序，如图 6-8 ~图 6-11 所示。

图6-8　控制机甲大师向左前方移动的程序

图6-9　控制机甲大师向左后方移动的程序

图6-10　控制机甲大师向右前方移动的程序

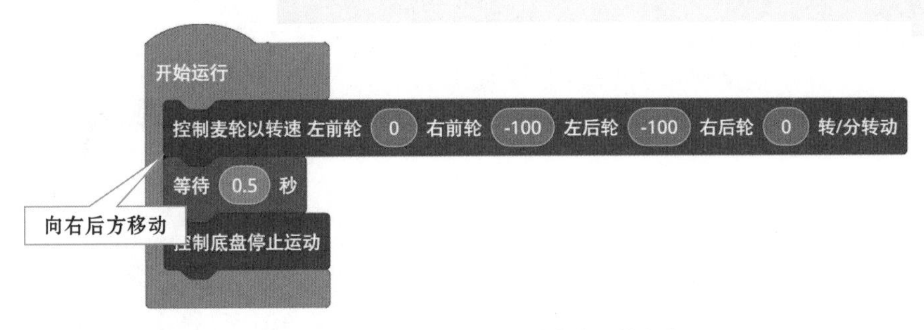

图6-11　控制机甲大师向右后方移动的程序

二、控制机甲大师旋转

有了前面的分析，让机甲大师顺时针、逆时针旋转对我们来说也不是难事，程序如图 6-12 和图 6-13 所示。

图6-12　控制机甲大师顺时针旋转的程序

图6-13　控制机甲大师逆时针旋转的程序

掌握了机甲大师四轮驱动的多种移动方法后，我提议进行一场小组比赛，题目如下。

编写程序控制 4 个麦克纳姆轮，让机甲大师顺时针旋转 1.2s 后，后退 0.5s，再向左前方前进 0.5s。

看完题目，大家都跃跃欲试，你也赶紧写下了自己的答案吧。

拓展反思

玩过无人机航拍的老师告诉我们，航拍里有一种拍摄方式叫环绕镜头，俗称“刷锅”，这是指拍摄的主体不变，无人机环绕主体做圆周运动，云台始终跟随主体，并将主体置于画面中央拍摄的镜头方式，如图 6-14 所示。

这不禁引起了我们的好奇，机甲大师借助 4 个麦克纳姆轮也可以实现这样的运动方式吗？如果可以的话，就能在躲避敌方弹丸的同时精确射击了。

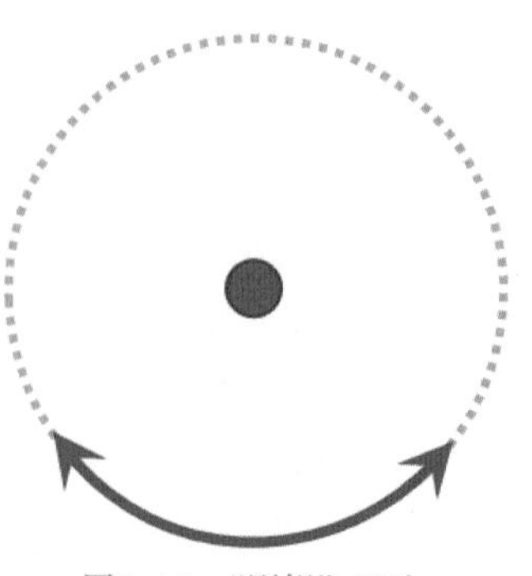

图6-14 “刷锅”运动

一、编写“刷锅”程序

了解什么是“刷锅”后，我们开始思考怎样实现“刷锅”动作。经过讨论，我们有了初步思路，那就是将______和______结合。我们把“向右平移”和“逆时针旋转”结合，实现了“逆时针刷锅”，如图 6-15 所示。

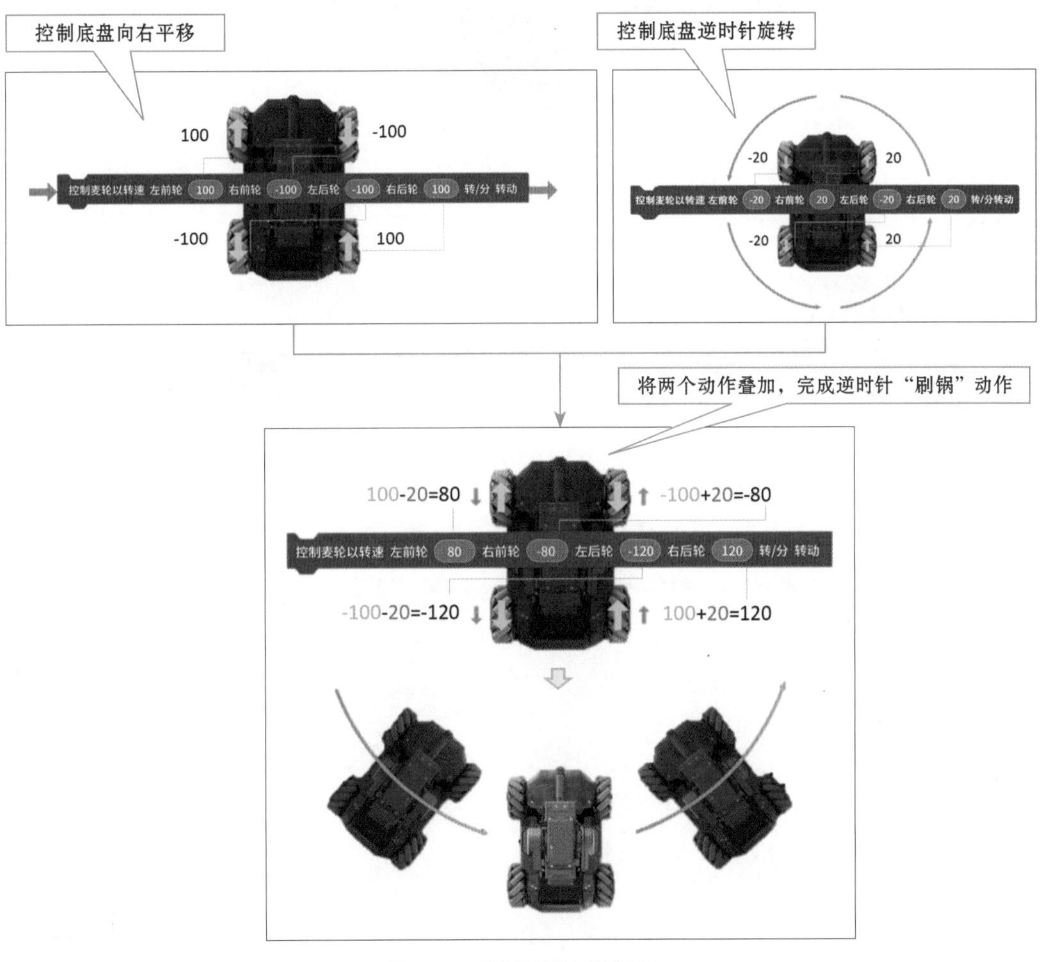

图6-15　实现逆时针“刷锅”

经过验证，我们发现，其实用一个麦克纳姆轮控制模块就可以实现“刷锅”动作。但是利用固定的转速数值编写“刷锅”动作，修改起来比较麻烦。我们决定加入变量，方便以后的修改工作。

我们设置了平移速度变量 Translation 和旋转速度变量 Spin 代替固定的转速数值，并编写了程序，如图 6-16 和图 6-17 所示。

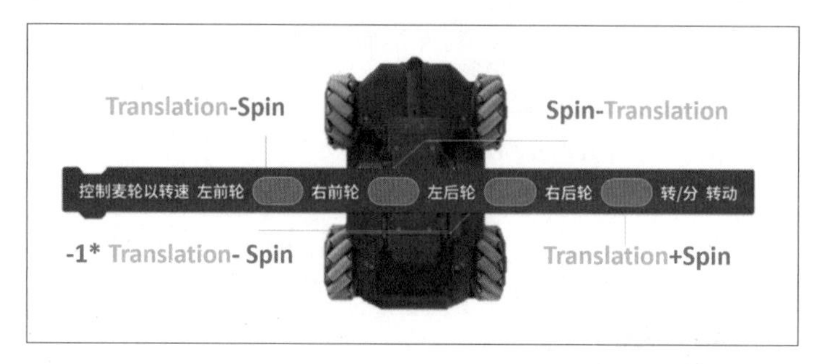

图6-16　设置变量

图6-17　实现逆时针“刷锅”动作

经过我们的共同努力，逆时针“刷锅”动作终于实现了，那顺时针“刷锅”动作如何实现呢？经过思考和测试，我们写出了自己的答案。

二、实现左右“刷锅”闪避

老师的问题，引起了我们的思考，经过了一番激烈的讨论，我们发现，只要修改变量 Translation 和 Spin 的正负，就可以实现左右“刷锅”的动作。但是反复拖曳相同的模块编程用起来很烦琐，怎样才能将它们“打包”起来随时调用呢？小伙伴们在图形化编程界面里的函数体模块分类里，找到了“函数”这个好东西！如图 6-18 所示。

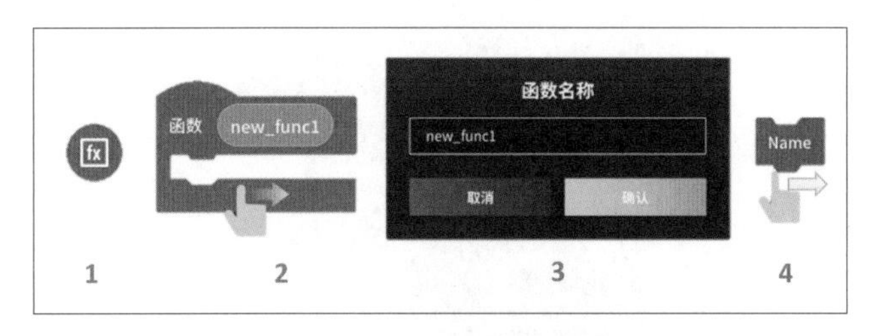

图6-18 使用“函数”模块

这样，我们就可以把“刷锅”程序放在函数体中连续调用，让它成为一项实用的闪避攻击技能！真是太妙了！具体步骤如下。

1 设置整机运动模式为自由模式，开启云台速度杆量叠加，此处新建平移速度变量 Tran、旋转变量 Spin，将其值分别设为 100、20。

2 添加函数 Move，将“刷锅”程序打包使用，这里变量 Spin 与 Tran 取反（乘以 -1），单独设置 4 个麦克纳姆轮的转速。

3 添加“一直××”重复执行模块，调用 Move 函数，设置往返“刷锅”时间值。

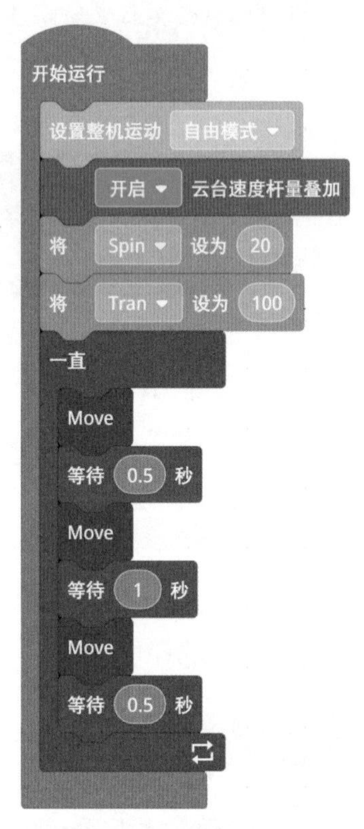

4 试运行后，我们发现麦克纳姆轮在高速旋转下“刷锅”会向后打滑，于是我们添加了打滑修正变量 Offer，将其值设为 10。将其值与变量 Tran、Spin 的值组合起来，这样左右闪避“刷锅”的效果更好。

今天的学习收获非常丰富，在编写和实测“刷锅”程序的同时，我们还发现了一些规律：在转速不变的情况下，平移速度______，“刷锅”时的圆半径______；在平移速度不变的情况下，旋转速度______，“刷锅”时的圆半径______。

效果评价

我对自己本节课学习的评价是（请按掌握程度给星星涂色，5颗星表示满分）：

1. 我知道了麦克纳姆轮的平移原理	☆☆☆☆☆
2. 我能控制麦克纳姆轮前、后、左、右、顺时针和逆时针移动	☆☆☆☆☆
3. 我能使机甲大师实现“刷锅”和左右闪避“刷锅”动作	☆☆☆☆☆

课后挑战

我觉得左右闪避“刷锅”动作还可以与其他动作配合，实现更有效的实战技能，我准备根据自己的情况，完成下面__________的挑战。

完成一个“刷锅”自动射击功能。

- 层次一：单独控制4个麦克纳姆轮进行“刷锅”，同时发射水晶弹。
- 层次二：控制4个麦克纳姆轮进行“刷锅”，随机发射水晶弹。
- 超级挑战：控制4个麦克纳姆轮进行“刷锅”，同时命中1m外的可乐瓶。
- 终极挑战：控制机甲大师完成无限符号“∞”式“刷锅”路线，并向正前方发射水晶弹。

第三章　进阶战斗

本章包括“迅猛反击战”“灵眸识标签”“体感控制器”“解密机器眼”“精准化射击”5个主题内容。学生可利用变量模块和事件触发模块，编写加强版扭腰反击技能，实现对战时的迅猛反击，增强实战技巧；利用列表和函数的打包调用实现视觉标签的识别；对麦克纳姆轮进行受力分析，利用三角函数，将机甲坐标系转换为大地坐标系，编写出全向移动控制程序；利用PID和云台反馈，实现云台精准跟随视觉标签；同时试着提高弹簧性能、优化准星和弹道，并配合手柄、上旋器等配件实现精准化射击。

第 7 课　迅猛反击战

——变量和事件触发

活动目标

1. 能叙述事件触发的含义，并从编程界面中找到事件类模块。
2. 能解释变量的含义及其用途。
3. 能使用变量和事件类模块编写出加强版扭腰反击程序。

观察探究

什么是事件触发？它和我刚刚的回答又有什么关系？我决定查找资料，亲自解开疑惑。

在第 1 课里，我们总结了机甲大师编程模块的几种类型，如图 7-1 所示，在事件类

模块类型说明里，我看到了事件触发这个字眼。阅读事件类模块的类型说明后，我对事件触发有了模糊的认知。通过进一步查找资料，我在 RoboMaster App 中找到了事件触发的详细解释：当程序在顺序执行的过程中，出现了优先级最高的任务，程序会先执行优先级最高的任务，然后再返回程序中断位置继续执行之前的程序。就像小明忘记拿钥匙，于是先执行回家拿钥匙的动作，然后再继续上学，整个流程如图 7-2 所示。

模块类型	类型说明	模块示例
设置类	设置参数，如速率、频率、数量等	设置 所有 LED 闪烁 2 Hz
执行类	控制机甲大师 执行相应指令	控制底盘向 0 度平移 1 秒
事件类	事件触发模块，当满足触发条件时，会立刻跳出主线程，开始运行事件类模块内的程序	当 任一 装甲板受到攻击
信息类	信息获取模块，返回获取到的变量、列表等不同类型的数据	识别到的视觉标签信息
条件类	条件判断模块，根据是否满足条件执行相应的指令	如果 然后

图7-1 模块类型说明

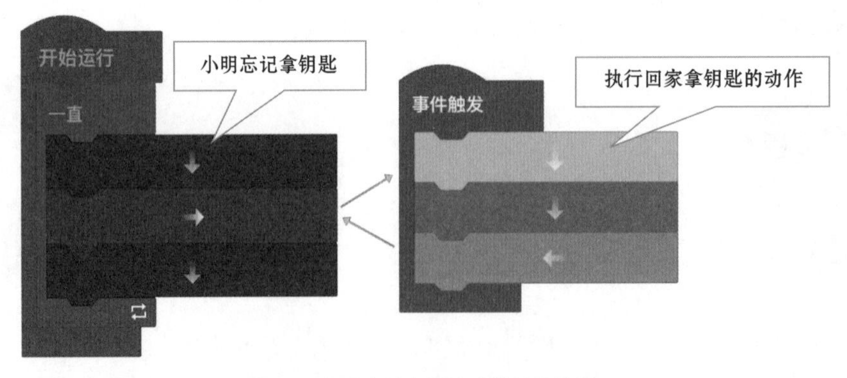

图7-2 小明忘记拿钥匙事件触发流程

老师在了解了我的整个学习过程后，给了我极大的肯定。我将学习成果分享给小伙伴们，他们都说："如果能亲自编程试一下，就更好了！"说干就干，我和小伙伴们准备编程测试，在拖动模块时我们发现，事件类模块分布在不同的编程功能块中，我们决定先找出它们。

经过一番寻找，我找到了______个事件类模块。在寻找的过程中，我们发现事件类模块不都是黄色的，它有不同的颜色，但是它们的形状都是顶部为弧形的模块，在图形化编程界面中，"______"模块和"______"模块也是这样的形状。

在找寻事件类模块的过程中，我们在数据对象中看到了"创建一个变量"。在前面几节课中，我们学会了新建变量，但对于变量的含义和作用，还是比较模糊，为了更好地理解它，我和小伙伴一起查找资料，终于理解了什么是变量。

大师加油站

变量

编程中的变量一词来源于数学，是编程语言中能够存储计算结果或能表示值的抽象概念。简单地说，变量是存放数据的容器，可以按照需求修改变量值。当我们给变量取好名字后，就可以在编程中需要使用变量的地方填写这个名字。使用变量，可以让程序的编写更加清晰、便捷。

定义一个变量，就是为变量在内存中分配了存储空间（单元）。

理解了变量的含义后，我们打开以前编写的程序，如图7-3～图7-5所示，我们发现这些程序中的变量好像有不同的用途。

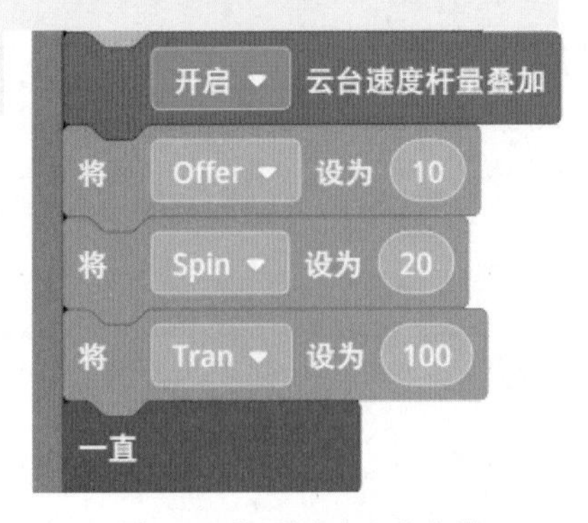

图7-3　第6课中定义的变量

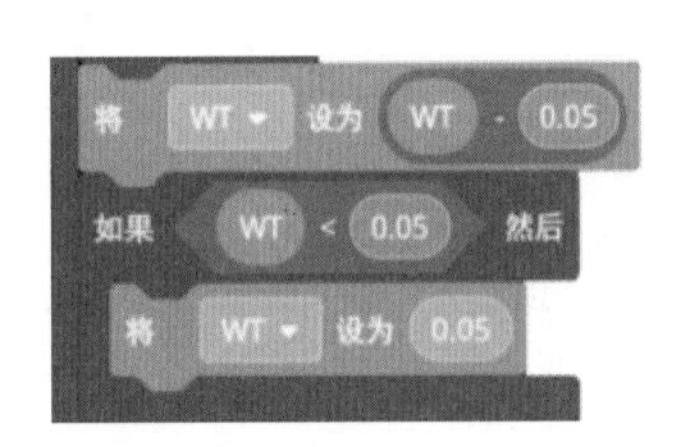

图7-4　第4课中定义的变量WT

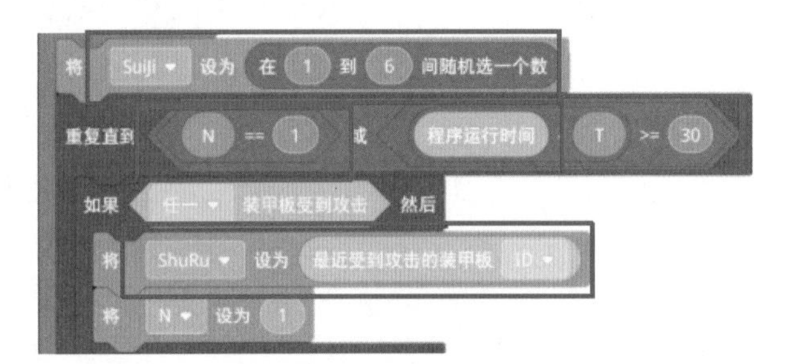

图7-5　第4课中定义的变量SuiJi、N和ShuRu

在老师的指导下，我们对这些变量的用途进行了归类总结。

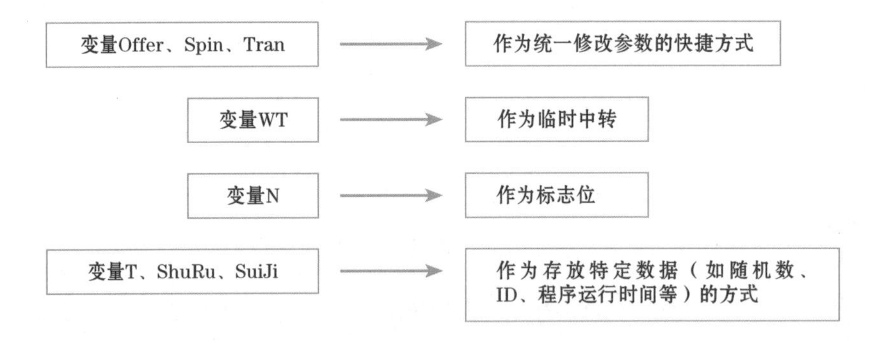

我感觉变量的用途不止这些，在庞大的编程世界中，肯定还有很多地方需要用到变量，我们会在学习的过程中不断积累。

做中学练

理解了事件触发的含义和变量的用途，我们决定在之前的程序中加入这两个模块，编写一个加强版扭腰反击程序，让机甲大师实现闪避攻击。

一、设置底盘以指定角度跟随云台

之前的扭腰反击程序，云台发射器不是永远面向正前方的，遭遇攻击时，机甲大师的躲避反击不是很迅速。针对这个问题，我们讨论后，认为底盘在运动过程中应始终与云台保持指定角度，保证云台永远面向正前方，并编写程序进行了检验，如图7-6～图7-8所示。

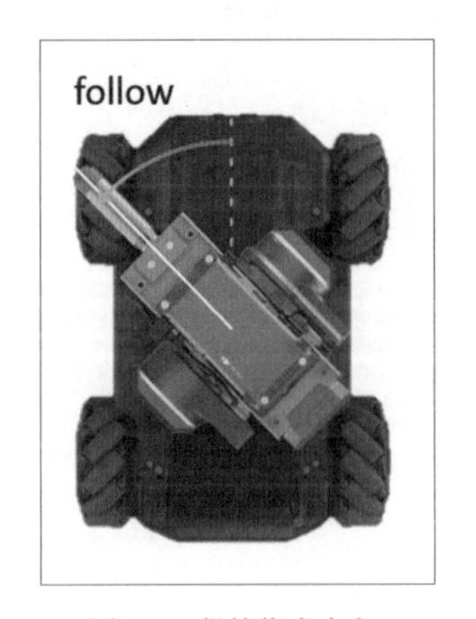

图7-6 保持指定夹角

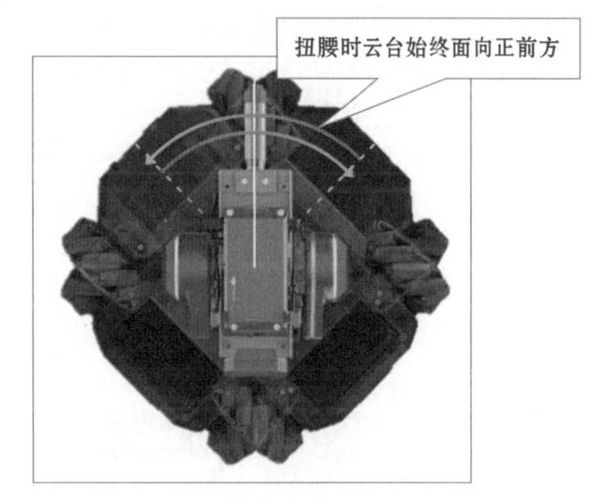

图7-7 保证云台永远面向正前方

图7-8 设置底盘以指定角度跟随云台的程序

二、使机甲大师以转向攻击方式进行反击

我们在这里加入变量和事件类模块，优化整个程序。

1 设置整机运动模式为底盘跟随云台，设置云台旋转速率为 360°/s，新建变量标志位 Flag。当 Flag 的值为 1 时，让底盘以左右 45° 角跟随云台。同时新建当任一装甲板受到攻击事件，当该事件发生时，将 Flag 的值设置为 1，触发扭腰动作。

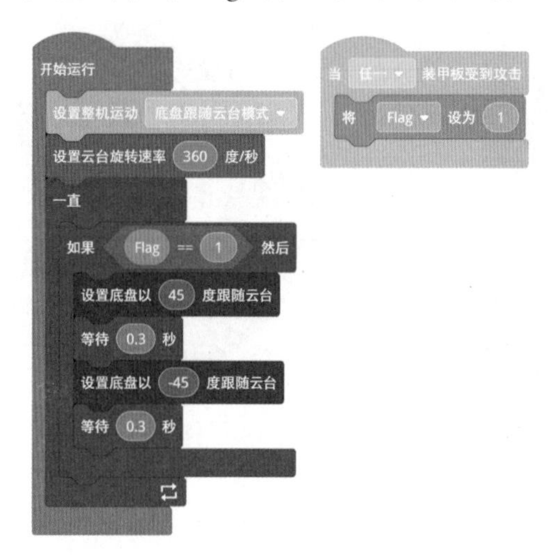

2 添加云台专项条件判断模块，当左侧云台或底盘左侧装甲受到攻击时，控制云台左转 90° ；当右侧云台或底盘右侧受到攻击时，控制云台右转 90° ；当后侧云台或底盘后侧受到攻击时，控制云台右转 180° 。

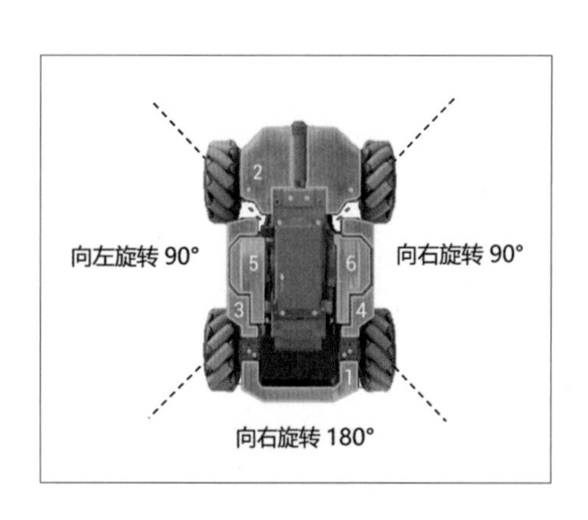

当 任一 装甲板受到攻击
将 Flag 设为 1
如果 云台左侧 装甲板受到攻击 或 底盘左侧 装甲板受到攻击 然后
控制云台 向左 旋转 90 度
如果 云台右侧 装甲板受到攻击 或 底盘右侧 装甲板受到攻击 然后
控制云台 向右 旋转 90 度
如果 底盘后侧 装甲板受到攻击 然后
控制云台 向右 旋转 180 度

3 开启云台速度杆量叠加，开启底盘速度杆量叠加，在程序运行过程中继续手动控制底盘和云台，实现手动和自动结合的控制方式。

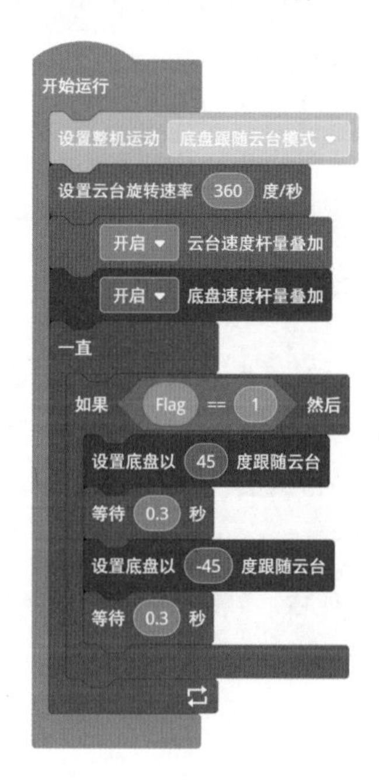

4 装配自定义技能。

加强版扭腰反击技能现在就装配好了，大家迫不及待地进行了一场比赛，我们小组获得了第______名。

拓展反思

在加强版扭腰反击程序中，我们使用了 ________________ 这个事件类模块。我们使用的变量 Flag 的用途是作为标志位，表示 ________________，变量 Flag 的值等于 1 时表示装甲板受到攻击。

我们发现，在程序中使用变量作为标志位，可以让程序的编写更加便捷。标志位到底是什么？为什么能使程序编写更加便捷？

通过查找资料，我们发现标志位是一个判断整个程序是否处于活动状态的变量，在程序中有“交通信号灯”的作用。例如，在我们编写的程序中，标志位的值为 1 时，表示装甲板受到了攻击，程序继续向下运行；标志位的值不为 1 时，表示装甲板未受到攻击，不运行控制模块里的程序。标志位可以让我们更方便地进行分支判断，修改程序也很方便。如果不使用标志位，我们就要分别判断底盘前侧、底盘后侧、底盘左侧、底盘右侧、云台左侧、云台右侧的装甲板是否受到攻击，需要加入很多判断模块，程序会非常长，且不清晰，修改起来也十分麻烦。所以我们在编写程序时，要善用“标志位”，提高程序的可读性。

效果评价

我对自己本节课学习的评价是（请按掌握程度给星星涂色，5 颗星表示满分）：

1. 我知道事件触发的含义，并能找到事件类模块	☆☆☆☆☆
2. 我知道变量的含义及用途	☆☆☆☆☆
3. 我能编写出加强版扭腰反击程序	☆☆☆☆☆

课后挑战

我觉得加强版扭腰反击程序在实战中可以综合运用，我准备调整机甲大师，完成下面________的挑战。

- 层次一：完成加强版扭腰反击程序，抵挡一台机甲大师的进攻 20s。
- 层次二：在层次一的基础上，击败一台来袭的血量为 1200 的机甲大师。
- 超级挑战：在层次二的基础上，2min 内击败 2 台机甲大师。
- 终极挑战：面对 3 台机甲大师的水晶弹射击，坚持抵挡 20s。

第8课　灵眸识标签

——机甲大师的图像识别

活动目标

1. 能说出机甲大师摄像头的识别范围、可识别物体类别，以及图像识别的基本原理。
2. 能够熟练调用“函数”模块，配合列表编写出自动击打视觉标签的程序。

观察探究

贵州有世界上最大的单口径球面射电望远镜——中国天眼（FAST），如图8-1所示，对比机甲大师的500万像素摄像头（见图8-2），这两种“眼睛”收集的信号是一样的吗？机甲大师是怎么识别视觉标签的呢？

图8-1　中国天眼

图8-2　机甲大师的摄像头

通过查阅资料，我们发现原来机甲大师的摄像头识别是有距离和范围限制的，如图8-3所示。并且要开启____________，摄像头才能识别到对应的物体。

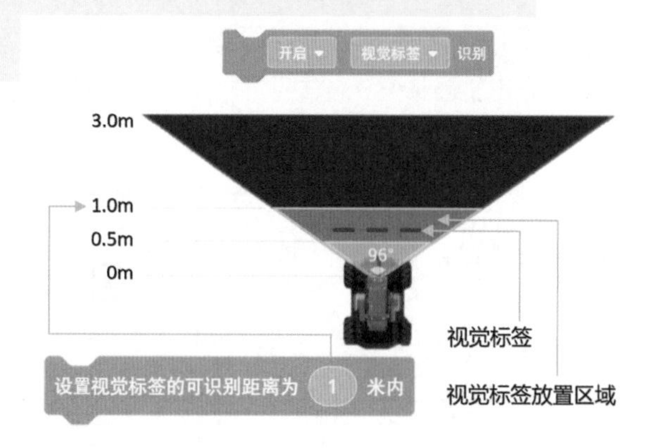

图8-3　机甲大师摄像头的识别范围和距离，以及需要使用的编程模块

通过查看图像化编程模块，我发现机甲大师可识别的物体如图 8-4 所示，并且在进行识别时，不遮挡红色区域才会准确识别，如图 8-5 所示。

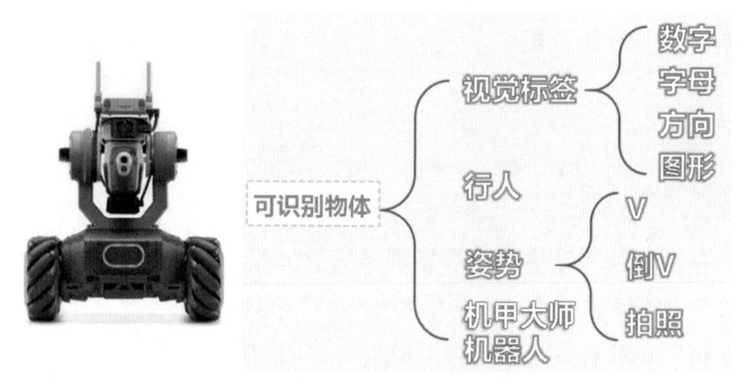

图8-4　机甲大师可识别的物体

图8-5　不遮挡红色区域才会准确识别

为什么机甲大师的摄像头可以认识这些物体呢？我们求助老师后才知道，原来这里涉及人工智能图像识别技术。

大师加油站

人工智能图像识别技术

图像识别技术是人工智能的一个重要领域，它是指对图像进行对象识别，以分辨各种不同模式的目标和对象的技术。

图像识别技术以图像的主要特征为基础。每个图像都有它的特征，如字母A有尖顶、字母P有半个圈、字母Y的中心有个锐角等。而人进行对图像识别时，视线也是集中在图像的主要特征上，即集中在图像轮廓曲度最大或轮廓方向突然改变的地方，这些地方的信息量最大。而且人眼的扫描路线也是依次从一个特征转移到另一个特征上。由此可见，在图像识别过程中，知觉机制需要抽取出图像的关键信息。同时，还需要一个像大脑一样的信息整合机制，把分阶段获得的信息整理成一个完整的知觉映像。

做中学练

一、尝试视觉标签的简单识别

为了测试机甲大师是否真的能识别视觉标签，我们编写了一个简单的程序，任意摆放了数字视觉标签1、2、3，看云台是否可以瞄准，如图8-6所示。

```
开始运行
    开启 视觉标签 识别
    设置视觉标签的可识别距离为 1 米内
    识别到 数字1 并瞄准
    等待 0.2 秒
    识别到 数字2 并瞄准
    等待 0.2 秒
    识别到 数字3 并瞄准
    等待 0.2 秒
```

图8-6　测试识别视觉功能

测试结果完全符合预期效果。接着，我们打算在机甲大师每一次识别到视觉标签时记录下云台的角度，然后让航道灯闪烁。显而易见，这里会出现 3 段一模一样的程序，根据前面的学习经验，大家打算使用“函数”模块，将这些相同的内容打包，在需要的位置进行调用，这样我们的程序就可以变得更加清晰、简捷。老师也告诉大家，这种函数也被称为子程序。

那么存储的云台角度应该包括哪些数据呢？通过对 FPV 界面的观察，这个数值应该包括_______姿态角和_______姿态角，如图 8-7 所示。

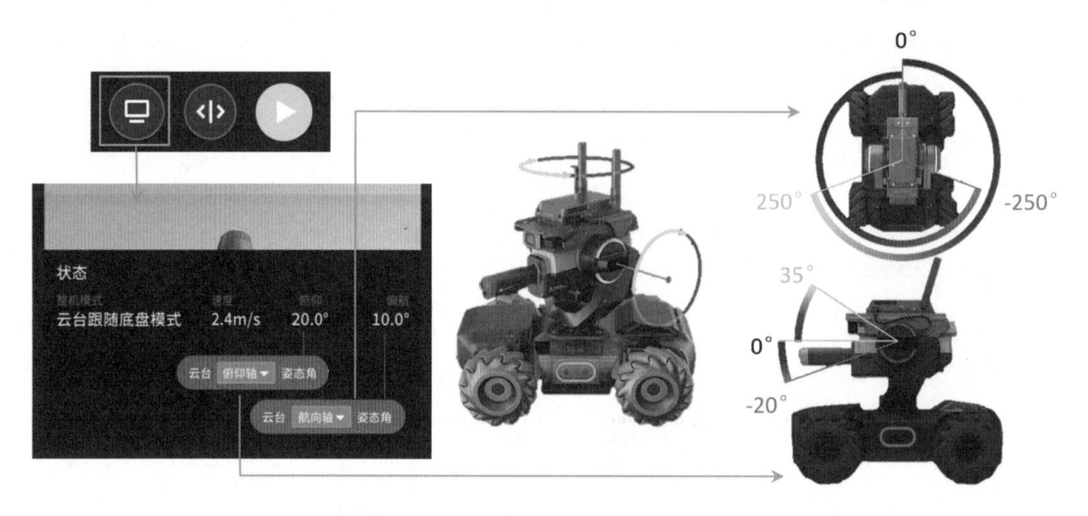

图8-7　云台角度数据

二、自动击打视觉标签

清楚相关参数含义后，我们开始编写自动击打视觉标签的程序，步骤如下。

1. 我们将与云台角度相关的 2 个数据（俯仰轴姿态角和航向轴姿态角）存入列表。列表就像一排带有标号的箱子，可以对存储到里面的数据读取和运算，如图 8-8 和图 8-9 所示。新建列表 AngleList 和函数 StorageAngle，存储云台角度，如图 8-10 所示。

图8-8　列表就像一排带有标号的箱子

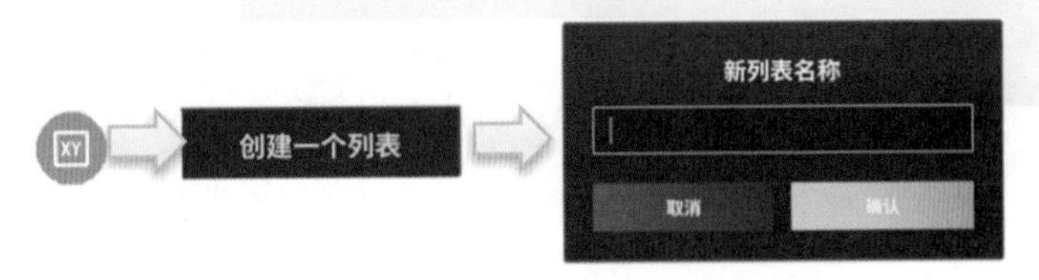

图8-9　创建列表

图8-10　存储云台角度的程序

2. 每次瞄准视觉标签后，调用 StorageAngle 函数存储云台角度。我们发现使用函数可以大大缩短程序的长度，使主程序可读性更强，更容易让人理解，如图 8-11 所示。

图8-11　调用StorageAngle函数存储云台角度

3. 修改整机运动模式为自由模式，设置云台旋转速率为 180°/s。新建变量 i，每次读取云台数据之后加 2 读取下一个云台数据。创建函数 Shoot，从 AngleList 列表中读取存储的云台数据，控制云台旋转到读取的角度，进行水弹射击，击打视觉标签程序如图 8-12 和图 8-13 所示。

```
函数 Shoot
  将 i 设为 1
  重复 3
    控制云台旋转到航向轴 AngleList 的第 i 项 度 俯仰轴 AngleList 的第 i + 1 项 度
    单次发射水弹
    将 i 增加 2
    等待 0.2 秒
```

图8-12　创建函数Shoot

```
开始运行
  设置整机运动 自由模式
  设置云台旋转速率 180 度/秒
  开启 视觉标签 识别
  设置视觉标签的可识别距离为 1 米内
  识别到 数字1 并瞄准
  等待 0.2 秒
  StorageAngle
  识别到 数字2 并瞄准
  等待 0.2 秒
  StorageAngle
  识别到 数字3 并瞄准
  等待 0.2 秒
  StorageAngle
  Shoot
```

图8-13　读取数据，进行水弹射击

拓展反思

我对这个程序中的AngleList列表还有一点小疑惑，函数StorageAngle存储云台角度时，可以先存俯仰轴姿态角，再存航向轴姿态角吗?

为此，我调换了函数StorageAngle存储云台姿态角的顺序，并修改了函数Shoot，将变量i和i+1调换，重新运行了上面的程序，重点观察FPV（第一人称视角）下AngleList列表的具体数值变化。测试后运行效果____________，如图8-14所示。之所以先存储航向轴姿态角，再存储俯仰轴姿态角是为了符合____________的约定。

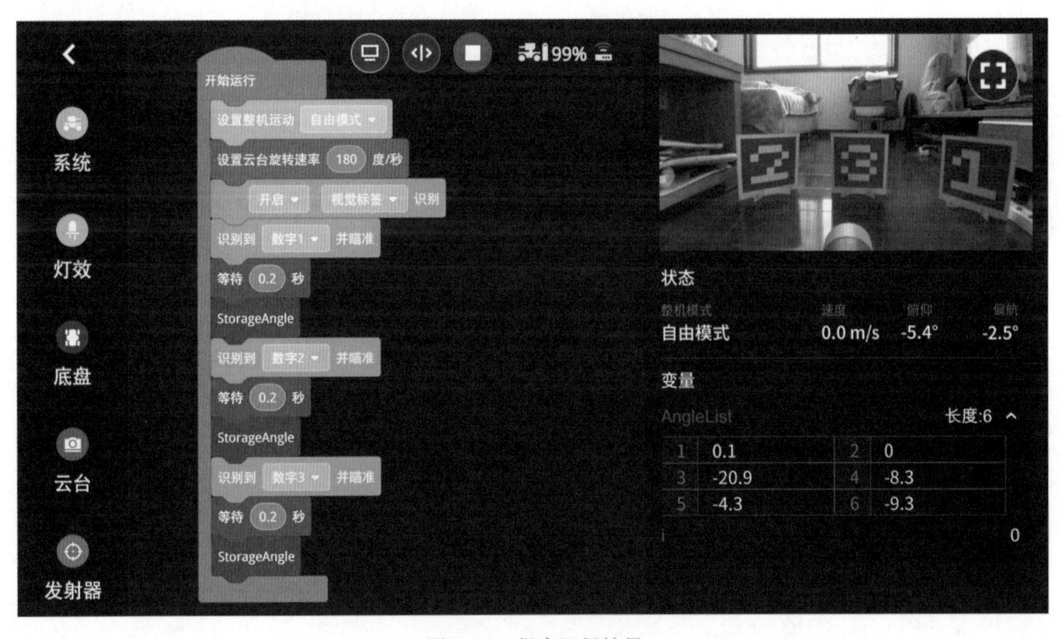

图8-14 程序运行结果

也就是说，将3个视觉标签存入AngleList列表中的标准顺序是：标签1的航向轴姿态角数值、标签1的俯仰轴姿态角数值，标签2的航向轴姿态角数值、标签2的俯仰轴姿态角数值，标签3的航向轴姿态角数值、标签4的俯仰轴姿态角数值，如图8-15所示。

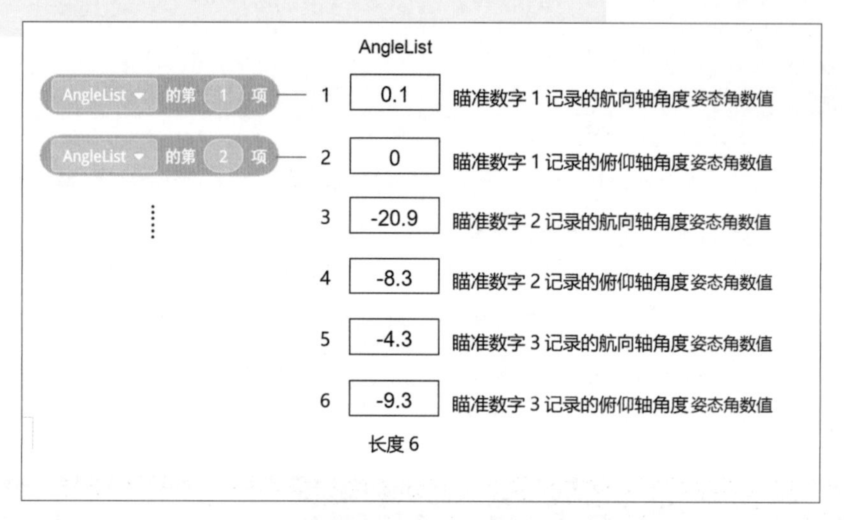

图8-15　将3个视觉标签存入AngleList列表中的顺序

现在我们明白了：变量和列表虽然都可以存储数据，但并不相同。变量像黑盒子，列表更像贪吃蛇，如图 8-16 所示。

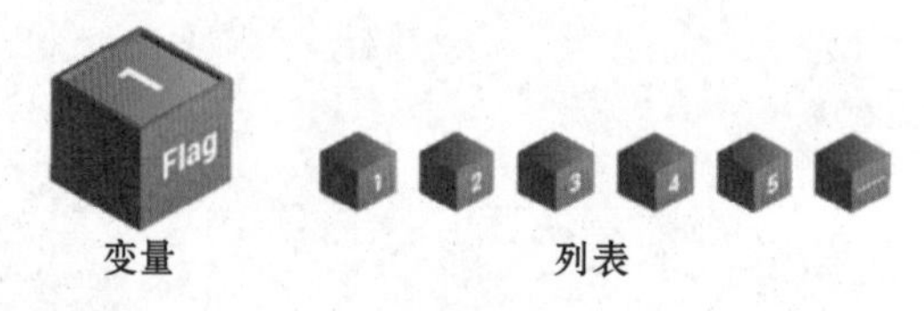

图8-16　变量与列表

效果评价

我对自己本节课学习的评价是（请按掌握程度给星星涂色，5 颗星表示满分）：

1. 我知道了机甲大师摄像头的识别范围和可识别的对象	☆ ☆ ☆ ☆ ☆
2. 我了解了人工智能图像识别技术	☆ ☆ ☆ ☆ ☆
3. 我能运用函数和列表编写程序实现自动击打视觉标签	☆ ☆ ☆ ☆ ☆

课后挑战

人工智能图像识别真的是一个很神奇的功能，我准备根据自己的情况，完成下面________的挑战。

设计一个自动击打程序。

● 层次一：自动瞄准3个视觉标签，并让弹道灯闪烁。

● 层次二：自动瞄准3个数字视觉标签，按顺序自动击打标签。

● 超级挑战：在扭腰运动中，自动瞄准并击打1m外的1个视觉标签。

● 终极挑战：瞄准0～9这10个数字标签，从1～5中随机选择两个数字，按斐波那契数列顺序让弹道灯闪烁。

第 9 课　体感控制器
——机甲坐标系和大地坐标系

活动目标

1. 能说出机甲大师底盘实现平移和全向运动的基本原理。
2. 能通过三角函数将机甲坐标系转换为大地坐标系。
3. 能编写程序在大地坐标系下实现对机甲大师的体感控制。

观察探究

上周我玩了体感赛车，如图 9-1 所示，游戏里的赛车在我的控制下灵活转向，快速前进，感觉太棒了！回家看到身边的机甲大师，我突然有了一个想法：要是机甲大师也能靠肢体动作控制就好了，那我就可以在生活中跟小伙伴玩真正的体感赛车了。想想都觉得很激动呢！

图9-1　体感赛车游戏

体感赛车游戏中的赛车可以按照玩家手的姿态全向移动，非常灵活。机甲大师不是具备全向移动的能力吗？我和小伙伴决定先从机甲大师的轮子入手进行研究。

一、对单个麦克纳姆轮进行受力分析

在第 6 课，我们做过一个小实验：将一个麦克纳姆轮放在一张纸上，用手分别推着左旋轮和右旋轮正转，下面的纸因受到轮子摩擦力的作用分别往左下方和右下方移动，如图 9–2 和图 9–3 所示，因此，我们得出轮子受到纸的摩擦力的方向分别为右上方和左上方，按照同样的方法，我们得出反转情况下轮子的受力方向，如图 9–4 所示。

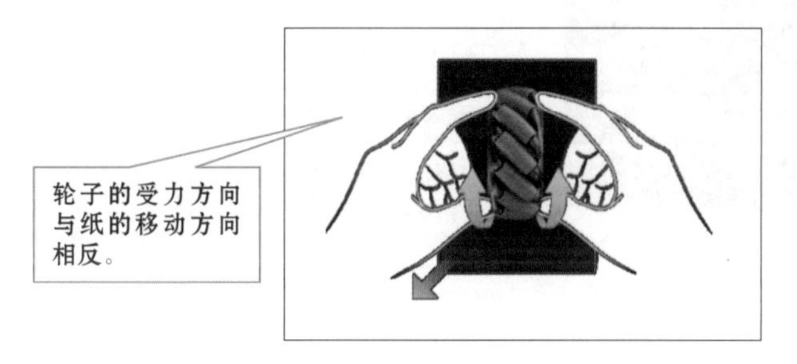

图9–2　左旋轮正转受力分析

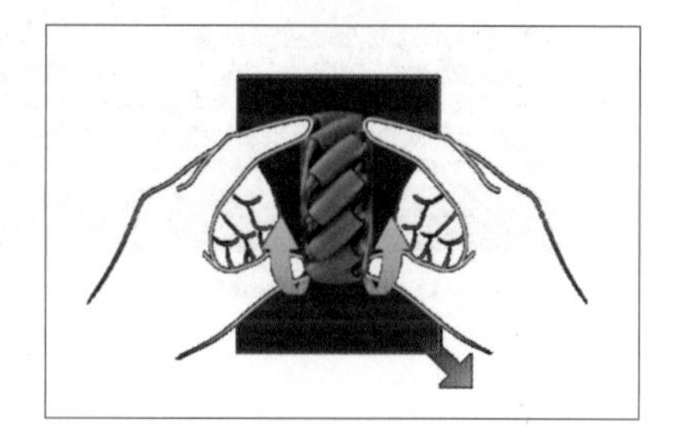

图9–3　右旋轮正转受力分析

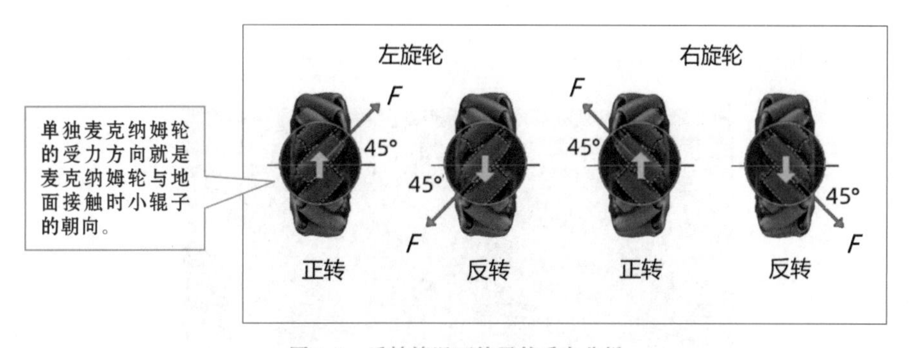

图9–4　反转情况下轮子的受力分析

机甲大师的运动是由 4 个麦克纳姆轮共同决定的，在老师的建议下，我们自学了力的合成原理，准备对整个麦克纳姆轮底盘进行受力分析，分析结果如图 9–5 和图 9–6 所示。

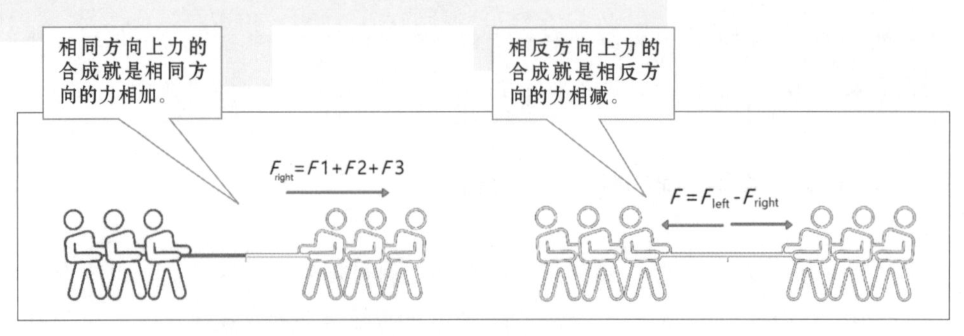

图9-5 力的合成原理

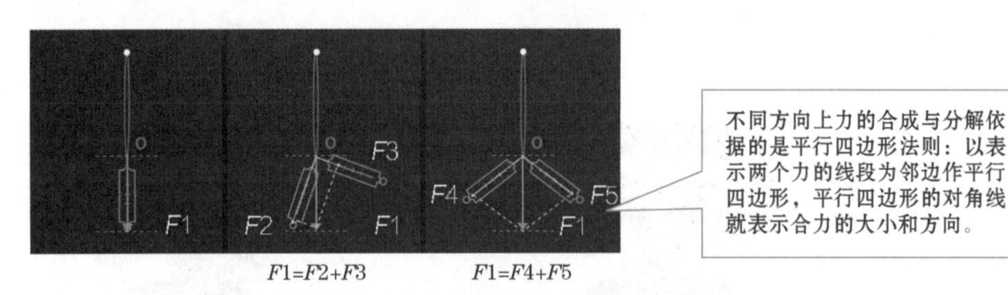

图9-6 力的平行四边形法则

二、对麦轮底盘进行受力分析

首先，我们从不同的角度观察底盘上4个麦克纳姆轮上小辊子的排布，如图9-7所示。

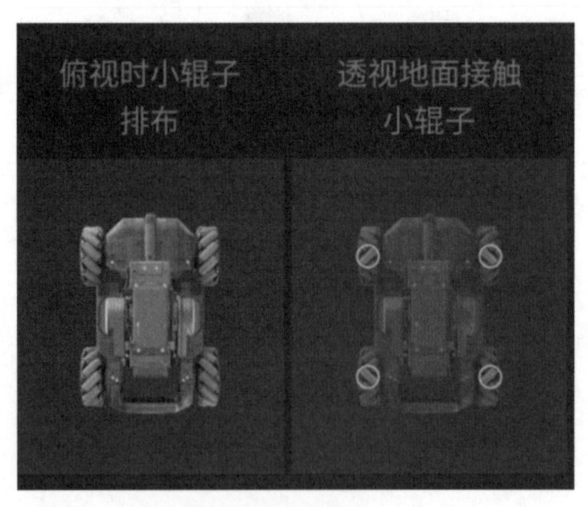

图9-7 俯视与透视时的小辊子

在对单独麦克纳姆轮进行受力分析的基础上，我们得出了4个麦克纳姆轮在正转和反转时的受力方向，如图9-8所示。

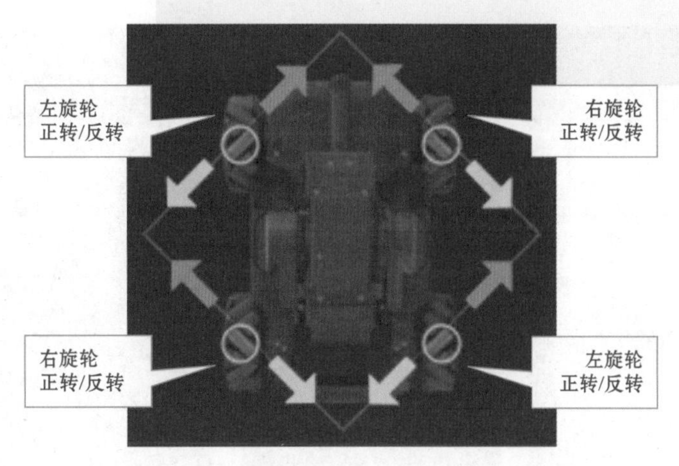

图9-8　4个麦克纳姆轮在正转和反转时的受力方向

接着我们对 4 个麦克纳姆轮都正转时所受的力进行合成，合力的方向为正前方，如图 9-9 所示。

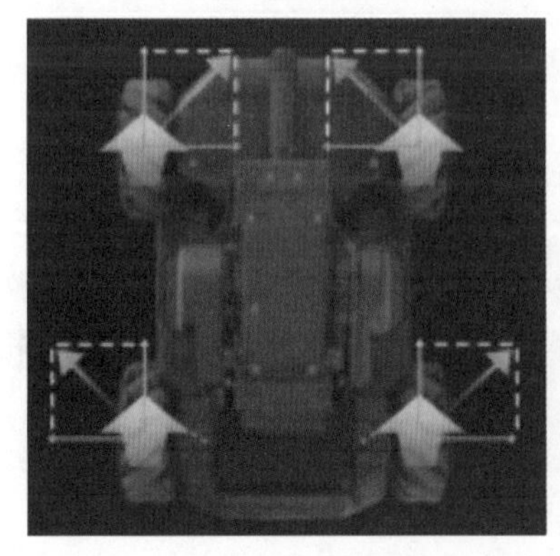
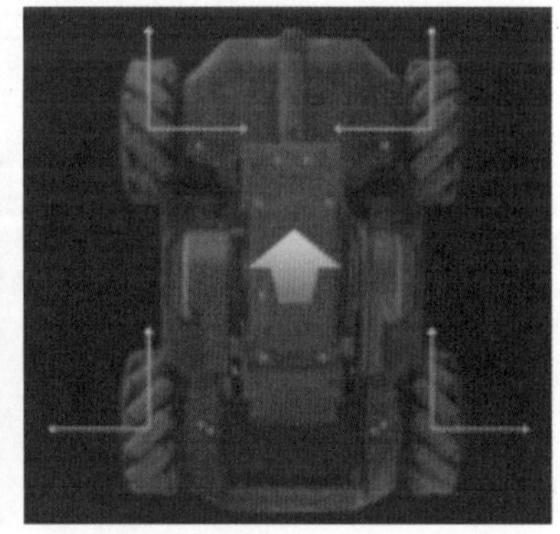

图9-9　合力方向为正前方

现在，我们初步理解了机甲大师底盘平移的原理。

4 个麦克纳姆轮正转时，机甲大师整体的受力方向为______，动作表现为________。

4 个麦克纳姆轮反转时，机甲大师整体的受力方向为______，动作表现为________。

我们采用同样的方法对麦克纳姆轮在不同转动情况下的受力进行合成，进一步验证机甲大师底盘平移的原理，如图 9-10 所示。

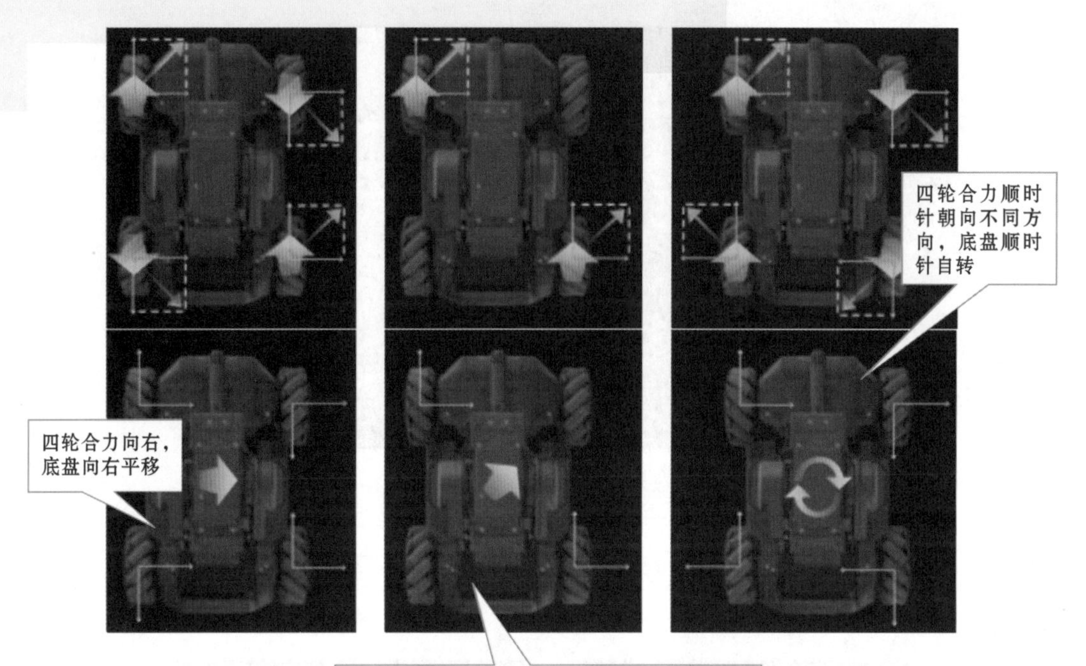

图9-10　不同转动情况下机甲大师底盘平移方向

原来机甲大师底盘的平移方向就是 4 个麦克纳姆轮的合力方向，那这个方向可以是任意方向吗？我们决定让机甲大师向某一方向移动，倒推分析 4 个麦克纳姆轮的受力，看看它们之间是否存在定量关系。

三、对机甲大师向某一运动方向进行力的分析

我们以机甲大师朝右偏 30° 方向平移为例，为了计算简便，我们将底盘的合力分解为 a 和 b 两个相互垂直方向上的力，如图 9-11 所示。

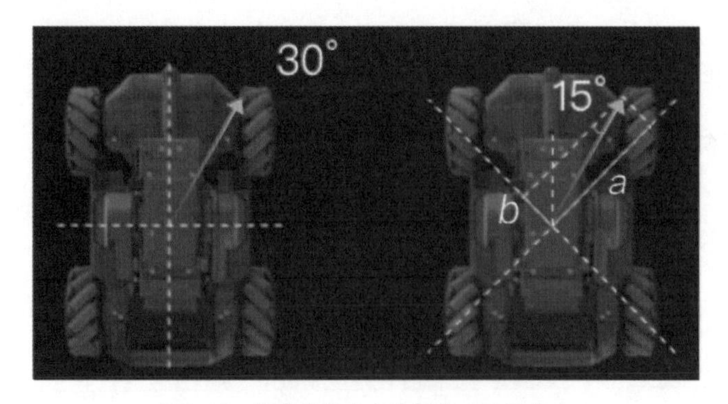

图9-11　将底盘的合力分解为a和b两个力

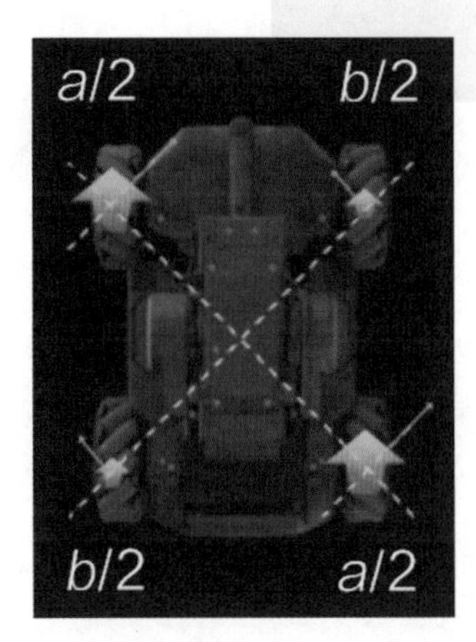

图9-12 对角线轮子上的力大小和方向相同

通过老师的指点，我们将底盘的合力分解到每个轮子上：左前轮与右后轮的受力大小为 $a/2$，右前轮与左后轮的受力大小为 $b/2$。我们发现以 a、b 两个分力为边可以组成一个夹角为 15° 的三角形，如图 9-13 所示，这 3 个数据之间有什么联系呢？

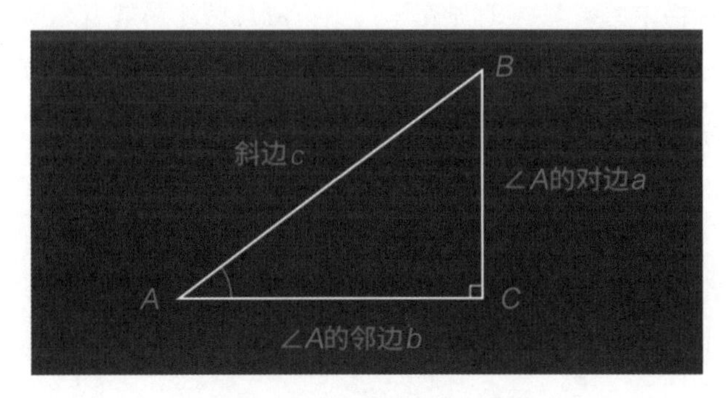

图9-13 夹角为15° 的三角形

在 RoboMaster App 中，我们找到了 3 种常见的三角函数，如表 9-1 所示。我发现上面的 3 个数据可以套入正切函数表达式中，即 $\tan 15° = a/b$，也就是说机甲大师底盘上 4 个麦克纳姆轮的受力存在正切函数关系，无论底盘朝哪个方向运动，这样的函数关系始终存在。因此，机甲大师 4 个麦克纳姆轮的合力方向可以是任何方向，底盘能够自由地全向移动，这也表明机甲大师具备实现体感控制的硬件条件。

表 9-1 3 种常见的三角函数

基本函数	缩写	表达式	语言描述
正弦函数	sin	a/c	∠ A 的对边比斜边
余弦函数	cos	b/c	∠ A 的邻边比斜边
正切函数	tan	a/b	∠ A 的对边比邻边

做中学练

硬件方面没问题，那如何实现体感控制呢？手机和平板电脑中有一种传感器叫陀螺仪，它可以捕捉手机或平板电脑的偏转姿态，使这些移动设备变成操控体感游戏的手柄。我们是不是可以通过陀螺仪实现对机甲大师的体感控制呢？

为了解开这个疑问，我们上网查找资料，了解陀螺仪的工作原理。

大师加油站

陀螺仪

陀螺仪是一个简单易用的基于自由空间移动和手势的定位控制系统，也被称为角速度传感器，它能够测量物体偏转、倾斜时的转动角速度，原本是应用到直升机模型上的，现在已经被广泛应用于手机等移动便携设备上。

陀螺仪利用轴向不变的原理进行设计，一个旋转物体的旋转轴所指的方向在不受外力影响时，是不会改变的。人们用多种方法读取旋转轴所指示的方向，并自动将数据信号传给控制系统，使控制系统做出正确的响应。

原来陀螺仪是这样工作的。通过查找资料，我们发现移动设备在偏转和倾斜时有 3 个维度的轴，如图 9-14 所示。如果能将移动设备偏转的实时角度数据传给机甲大师的控制系统，是否就可以借此控制机甲大师呢？

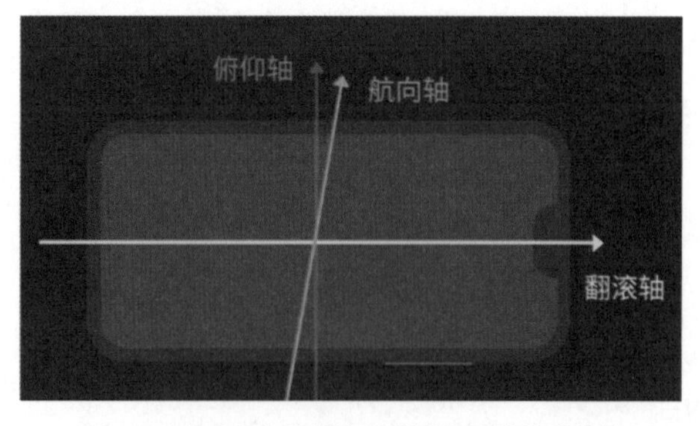

图9-14　移动设备在偏转和倾斜时有3个维度的轴

带着疑问，我们打开了 RoboMaster App，发现机甲大师也有自己的三维坐标系，如图 9-15 所示。这下，机甲大师的运动就可以很容易地跟移动设备的姿态对应起来了。

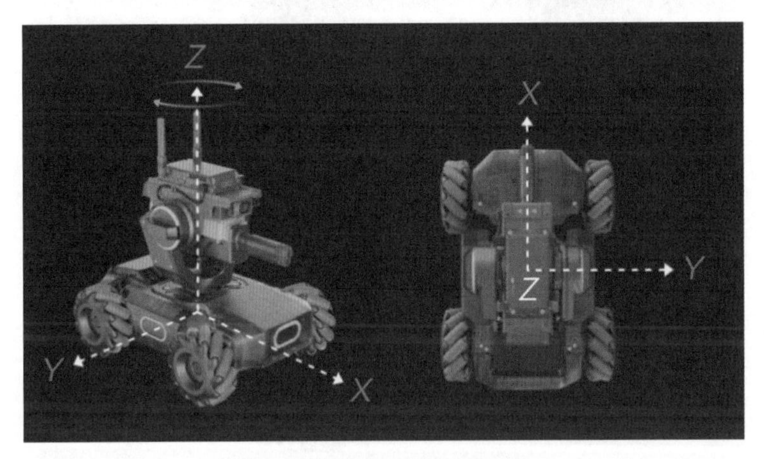

图9-15　机甲大师的三维坐标系

趁热打铁，我和小伙伴利用第 6 课中的叠加法对 4 个麦克纳姆轮进行速度解算，得到机甲大师运动时 4 个麦克纳姆轮在相应坐标轴上的速度，如图 9-16 所示。

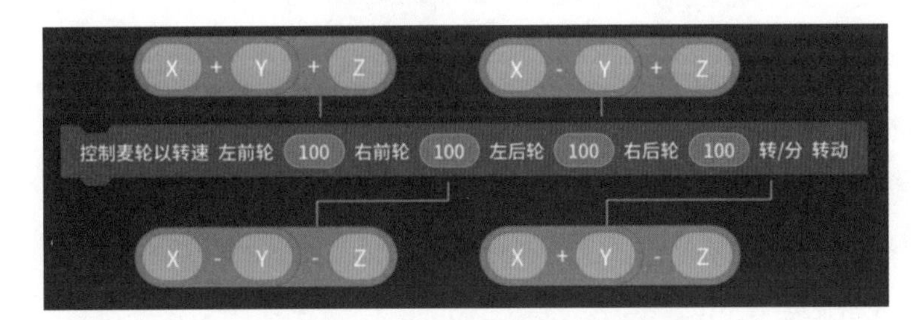

图9-16　对4个麦克纳姆轮进行速度解算

然后，在麦克纳姆轮控制模块中输入 X、Y、Z 的值，就可以指定底盘的移动方向了，如图 9-17 所示。

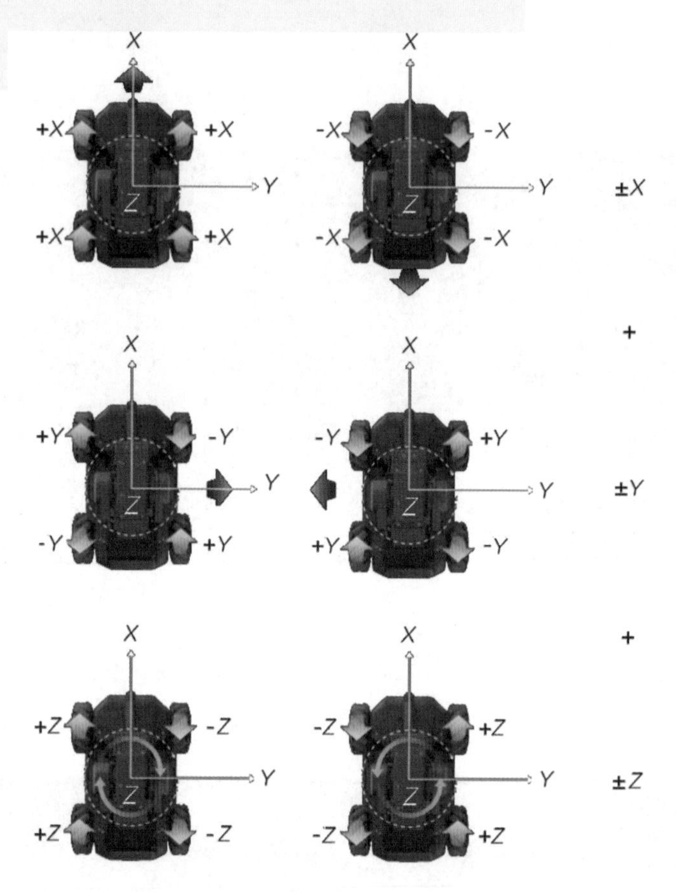

图9-17　指定底盘的移动方向

终于可以编写体感控制程序了，小伙伴们已经迫不及待了！

1. 新建 3 个变量：Angle_x、Angle_y、Angle_z，分别将移动设备的翻滚轴、俯仰轴、航向轴角度赋值给这 3 个变量，记录开始运行时移动设备的初始角度，如图 9-18 所示。

图9-18　新建3个变量

2. 新建3个变量：X、Y、Z，将其分别设为放大系数乘以3个轴初始角度得到的乘积和3个轴实时角度的差，用来控制麦克纳姆轮X、Y、Z的组合速度值，实现用移动设备体感控制机甲大师，如图9-19所示。

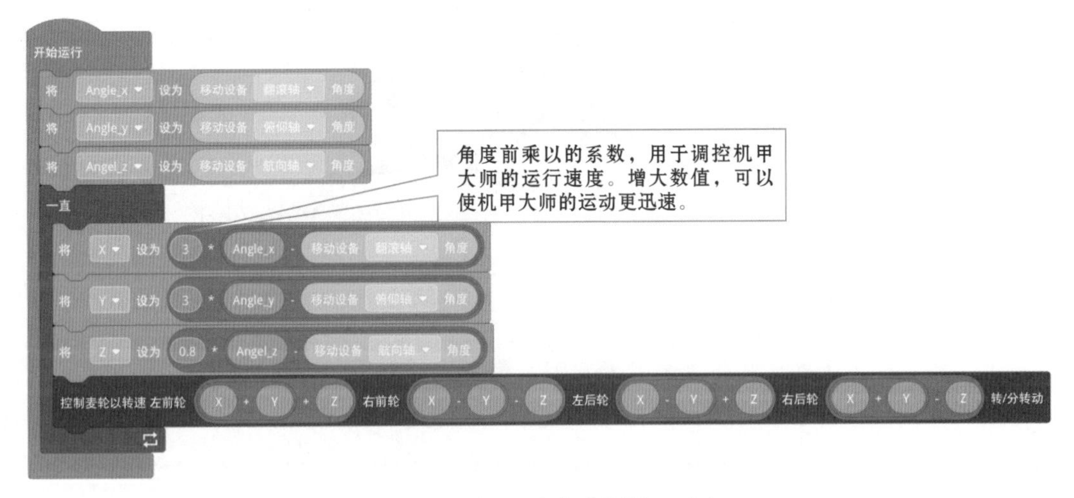

图9-19　用移动设备体感控制机甲大师

运行程序进行实测后，我们发现体感控制效果跟我们预想的不太一样，当机甲大师跟我们面对面时，我们本想控制它跟我们一起朝正前方移动，可是它却向我们（机甲大师的正前方）靠近，这太奇怪了！

原来机甲大师是基于自己的坐标系（机甲坐标系）进行运动的，而我们的移动设备是基于大地坐标系运动的，要想真正实现体感控制，还需要对坐标系进行转换，使机甲大师无论面向哪个方向，都能按移动设备的控制方向前进。老师告诉我们，这种控制方式叫作无头模式，常用于无人机的控制。

拓展反思

如何将机甲坐标系转换为大地坐标系呢？这对我们来说是个不小的挑战，在老师的指导下，我们将不同姿态的机甲大师放入大地坐标系中，如图9-20所示。

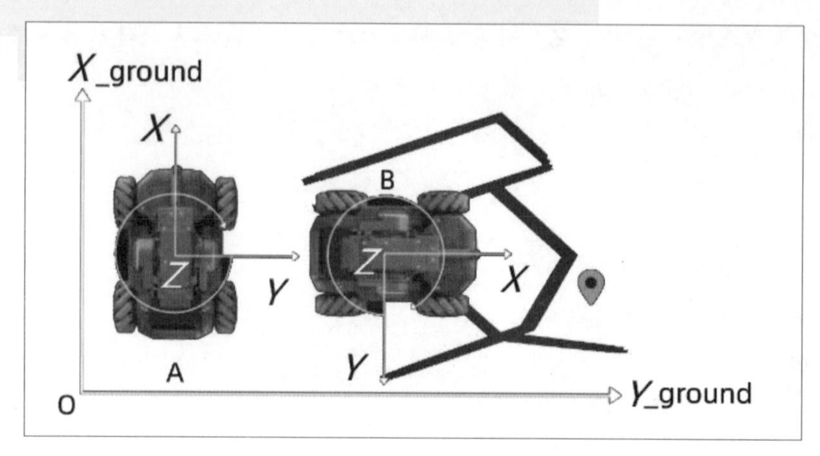

图9-20　将不同姿态的机甲大师放入大地坐标系中

我们的目标是将机甲大师 A 和 B 移动到蓝色点，对于机甲大师 A 来说，是向 Y 轴正半轴移动（向右移动）。对于机甲大师 B 来说，是向 X 轴正半轴移动（向前移动），但在大地坐标系下，机甲大师 A 和 B 都应该沿着 Y 轴正半轴移动。

在老师的指点下，我们将一个点放在不同的坐标系下进行分析转换，如图 9-21 所示。

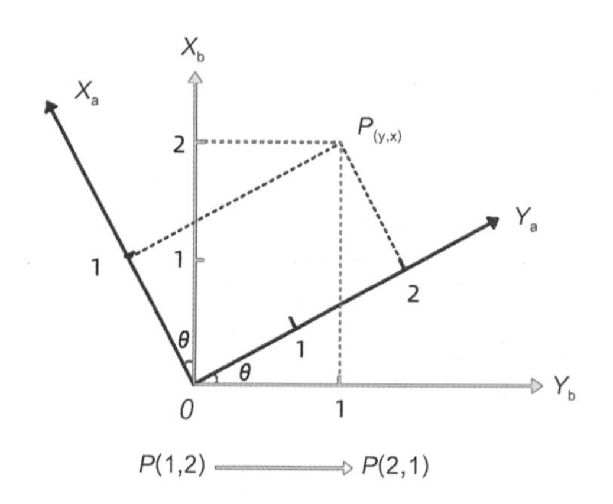

图9-21　将一个点放在不同的坐标系下进行分析转换

点 P 在蓝色坐标系中的位置为（1，2），在红色坐标系中的位置为（2，1）。在夹角 θ 为任意值或实时变化的情况下，我们只知道蓝色坐标系中 P 点的坐标，红色坐标系中 P 点的坐标需要根据几何关系获得，如图 9-22 所示。

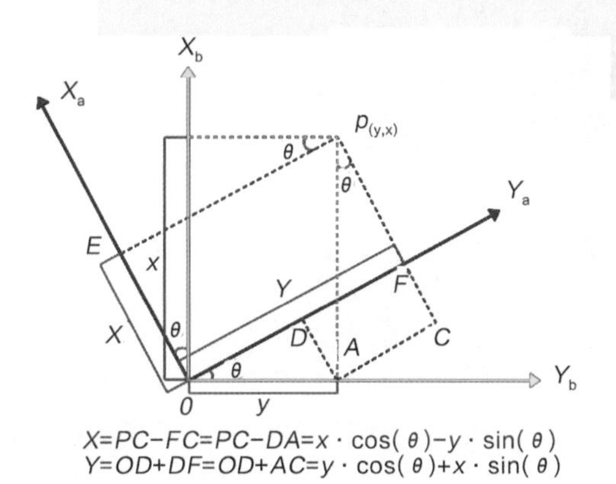

图9–22　获得红色坐标系中P点的坐标

我们发现，同一个点在两种坐标系下的坐标存在三角函数关系，可以通过数学运算进行转换。同理，我们也可以通过三角函数将大地坐标转换为机甲坐标。

$X_{机甲}=X_{大地}\times\cos(\theta)-Y_{大地}\times\sin(\theta)$

$Y_{机甲}=Y_{大地}\times\cos(\theta)+X_{大地}\times\sin(\theta)$

通过转换，移动设备所参照的大地坐标就可以被机甲大师的坐标程序理解，从而实现基于大地坐标系的移动控制，如图 9–23 所示。

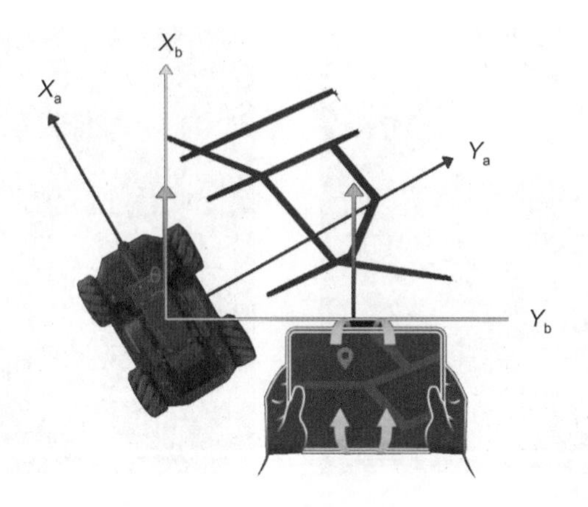

图9–23　转换坐标系

转换好坐标系后，大家可以编程测试一下效果，我们在图 9–19 所示程序的基础上，新建了变量 x、y、z，修改移动设备陀螺仪的参数值并将其赋值给变量 x、y、z，新建变量 Robot_Angle，将底盘航向轴姿态角乘以 −1 赋值给 Robot_Angle，根据坐标转换的三角函数关系式，将 X 的值设置为 xcos(Robot_Angle)−ysin(Robot_Angle)，将 Y 的值设置为 ycos(Robot_Angle)+xsin(Robot_Angle)，如图 9–24 所示。

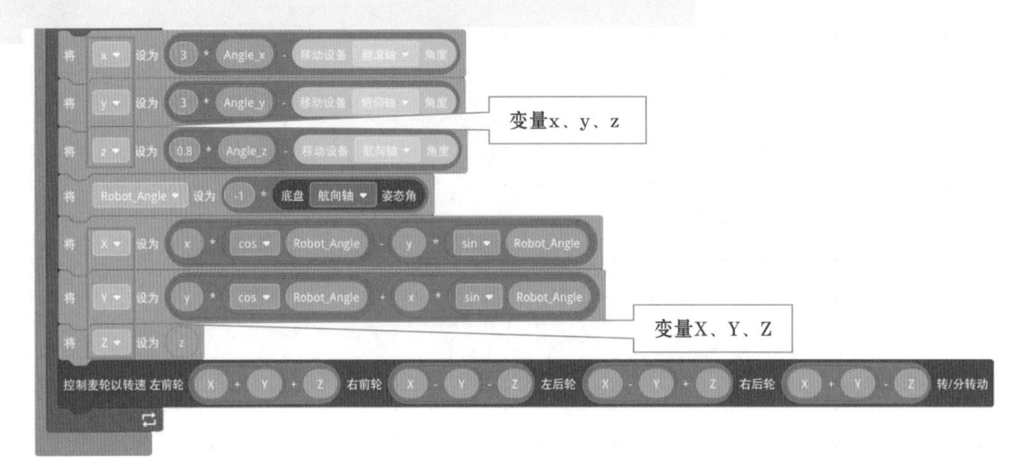

图9-24　修改程序

运行后，我们发现机甲大师存在偏航问题。进入 FPV 模式后，我们发现底盘有偏航角度。我们在 RobotMaster App 中了解到，大地坐标系是以机甲大师上电时刻的位置建立的，所以我将机甲大师摆放好后进行了重启，有的同学则手动转动小车，使偏航角度为 0°，如图 9-25 所示，调整好后，我们将移动设备平放在机甲大师后方，运行程序，如图 9-26 所示。

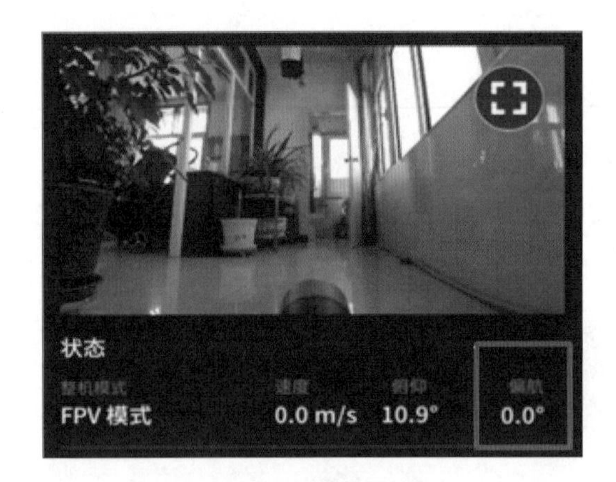

图9-25　调整位置使偏航角度为0°

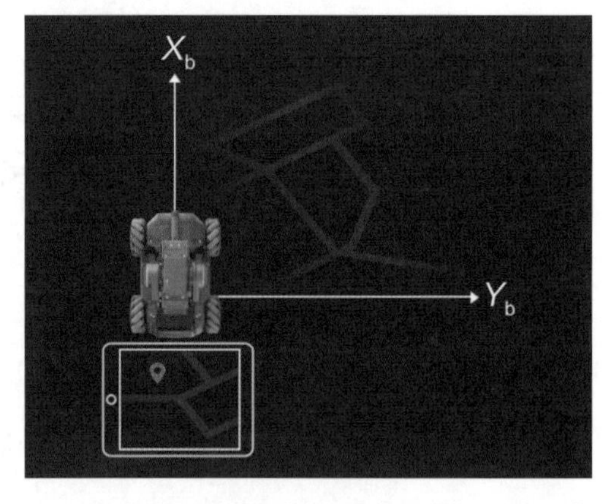

图9-26　将移动设备平放在机甲大师后方，运行程序

机甲大师果然可以按照无头模式运动了，我们终于完成了对它的体感控制。大家迫不及待地进行了一场体感赛车游戏，快来比一比谁能以更快的速度超过标志桶吧。这场比赛，我们小组获得了第________名。

效果评价

我对自己本节课学习的评价是（请按掌握程度给星星涂色，5颗星表示满分）：

1. 我知道了机甲大师能实现全向运动的原因	☆☆☆☆☆
2. 我能将机甲坐标系转换为大地坐标系	☆☆☆☆☆
3. 我能在大地坐标系下实现对机甲大师的体感控制	☆☆☆☆☆

课后挑战

我想利用体感控制指挥机甲大师完成更多任务，于是准备用移动设备制作一个体感遥控器，完成下面________的挑战。

- 层次一：用移动设备控制机甲大师前进、后退。
- 层次二：用移动设备控制机甲大师前、后、左、右移动。
- 超级挑战：用移动设备控制机甲大师全向移动。
- 终极挑战：用移动设备控制机甲大师做S形运动，绕过2个可乐瓶后自动击打标签。

第 10 课　解密机器眼
——PID 和云台反馈控制

活动目标

1. 理解存储视觉标签信息的列表的结构。
2. 能初步解释PID反馈控制策略的基本原理。
3. 会使用PID控制器编写程序精准追踪移动靶视觉标签。

观察探究

我们知道机甲大师之所以能识别视觉标签，是因为使用了人工智能图像识别技术，如图 10-1 所示。那图像识别技术还有进一步的应用吗？说干就干，大家准备进一步挖掘图像识别里隐藏的秘密。

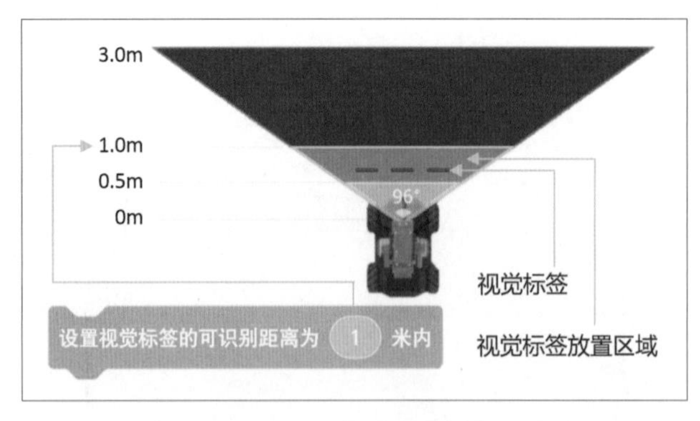

图10-1　机甲大师摄像头识别的范围和距离

通过查找资料，我知道了机甲大师摄像头的默认识别视野为 640 像素 ×360 像素，从空间上看是左右视角 96°、上下视角 54°，有效识别距离为 0.5 ~ 3m，视野高度为

1m，超出范围不识别，如图 10-2 所示。

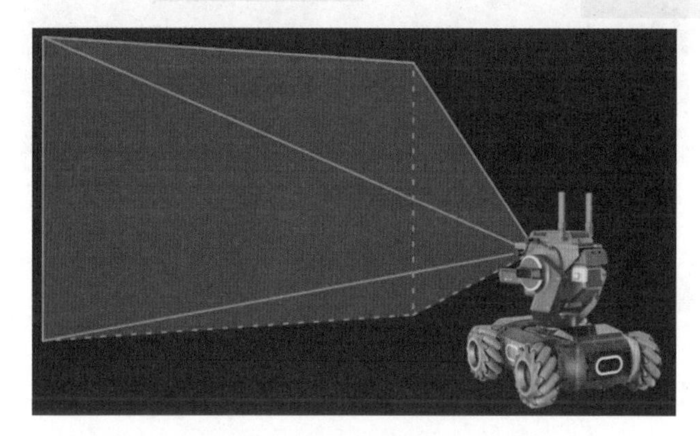

图10-2　机甲大师摄像头的识别范围

FPV 识别界面中，X 为横坐标轴，Y 为纵坐标轴，左上角坐标为（0,0），右下角坐标为（1,1），如图 10-3 所示。旋转、颠倒视觉标签对识别效率没有影响，但透视、移动过快、光线不足等会影响识别效率，若标签的红色区域被遮挡则无法进行识别，如图 10-4 所示。

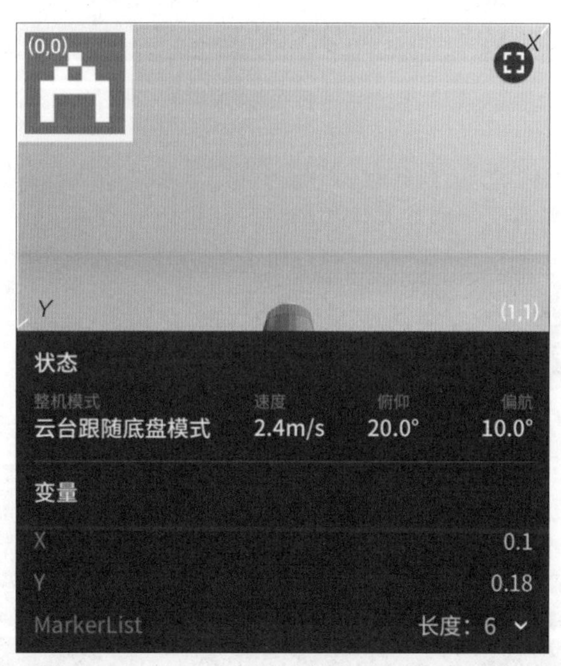

图10-3　FPV识别界面中的坐标系

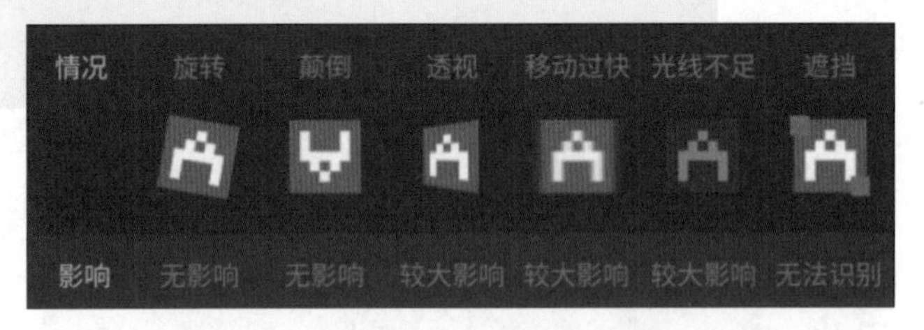

图10-4　影响标签识别的因素

做中学练

一、测试识别到的视觉标签信息

为了进一步了解摄像头识别到的视觉标签信息，我们在图形化编程界面的“智能”分类中找到了“识别到的视觉标签信息” 模块，如图 10-5 所示。

图10-5 “识别到的视觉标签信息” 模块

通过模块描述信息，我们发现这个模块获取的值应该是一个列表。我们试着编写了一个简单的程序，来看看里面到底有什么玄机，如图 10-6 所示。

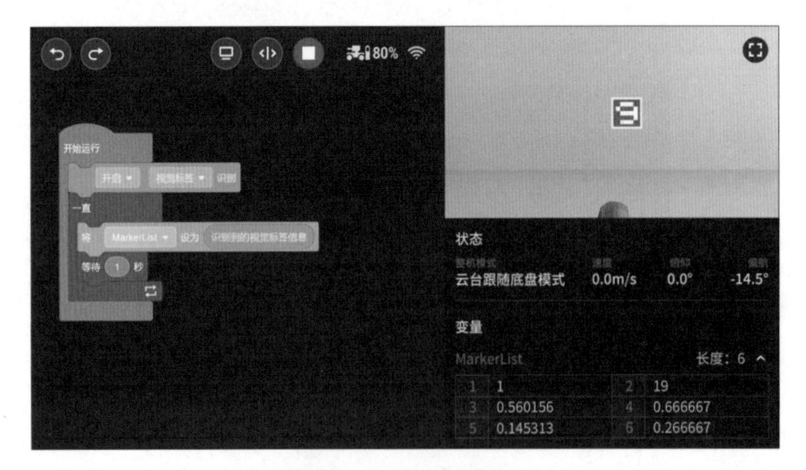

图10-6　识别标签信息

原来，识别到一个视觉标签时，我们可以获得一个包含 6 个参数值的列表数据。这 6

个参数分别是N（标签数量）、ID（标签ID）、X（中心点横坐标）、Y（中心点纵坐标）、W（宽度）和H（高度）。当视觉标签为2个时，获取的列表长度加5，以此类推，如图10-7所示。

图10-7　识别视觉标签得到的列表数据

“如何提取其中一个视觉标签的横坐标和纵坐标呢？”有队员发出了疑问。我们立刻尝试编写第二个程序，在新建列表MarkerList的基础上，新建变量X、Y分别暂存横坐标和纵坐标，如图10-8所示，测试结果和我们预期的一样。

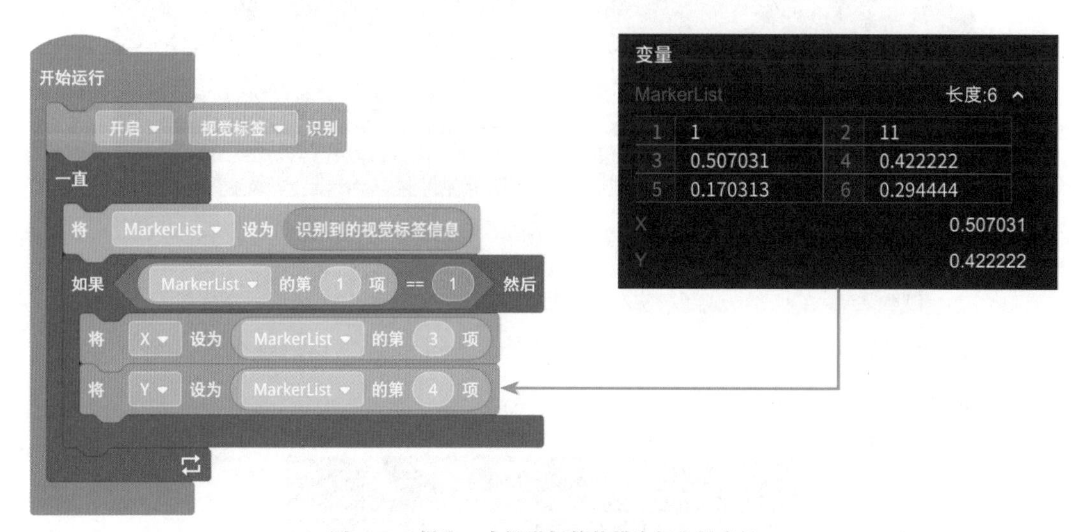

图10-8　提取一个视觉标签的横坐标和纵坐标

每一个列表中的ID值对应一个具体的视觉标签，ID值为1代表识别到的标签是停止，ID值为2代表识别到的标签是骰子，ID值为3代表识别到的标签是靶，ID值为4代表识别到的标签是左箭头，ID值为5代表识别到的标签是右箭头，ID值为6代表识别到的标签是前进箭头，ID值为8代表识别到的标签是红心，ID值为10 ~ 19代表识别到的标签是数字0 ~ 9，ID值为20 ~ 45代表识别到的标签是字母A ~ Z。这样，我们就可以通过ID值判断识别到的标签对象是什么了。

二、视觉标签的跟踪策略

理想情况下，视觉标签的位置应该是固定的，但在对战中，机甲大师一般会在移动中进行瞄准，视觉标签也会随之在视野里移动，瞄准起来很不容易。怎样才能跟踪视觉标签进行精准射击呢？这个问题让我们陷入了沉思。

通过老师提醒，我们在 App 中找到了相关资料——反馈控制。资料是这样介绍的：在日常生活中，老师按照某种方式讲完课后，通过考试来检验学生对知识的掌握程度。如果成绩不理想，表明教学效果不好，老师就会放慢讲课速度或者改变授课方式，这是一个反馈过程。对于机器人来说，某一执行动作完成之后，将实际结果和期望结果进行比较，从而调整下一步行动的过程就是反馈控制，如图 10-9 所示。

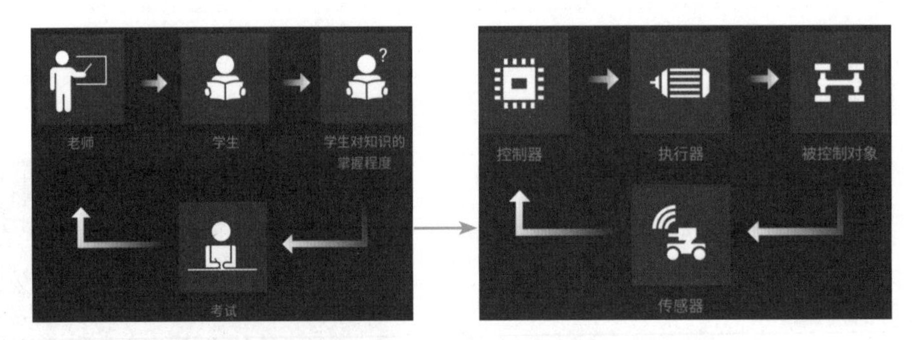

图10-9　反馈控制

我们以视觉标签在机甲大师视野左侧为例，对云台运动进行分析。

1. 以水平方向进行分析，当视觉标签位于视野左侧时，获取视觉标签的横坐标 X（$0<X<0.5$），如图 10-10 所示。

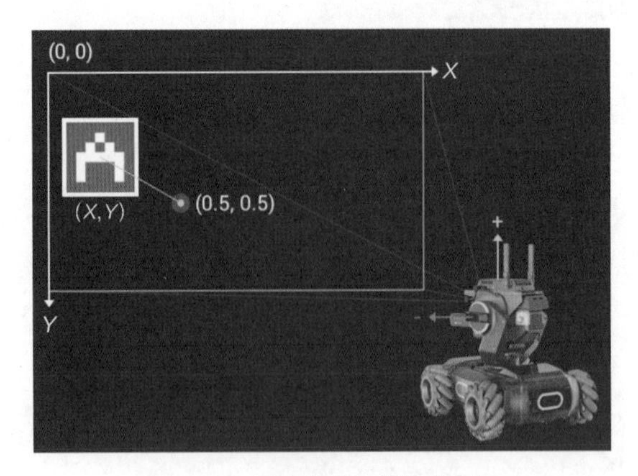

图10-10　获取视觉标签的横坐标

2. 为了让视觉标签水平方向保持在视野中心，我们需要让云台绕航向轴向左旋转。

3. 根据之前所学，航向轴转动速度为负值时，意味着机甲大师向左转动。

4. 我们将控制量设为（$X-0.5$），云台会根据视觉标签的位置朝该方向转动，并且视觉标签离中心点越远，云台转动越快，如图 10-11 和图 10-12 所示。

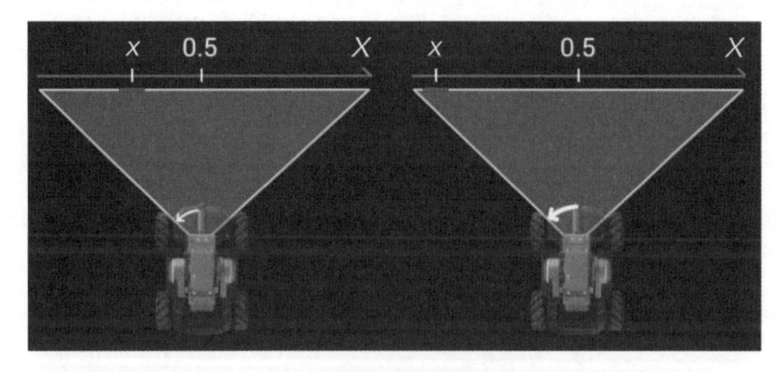

图10-11　云台会根据视觉标签的位置进行转动

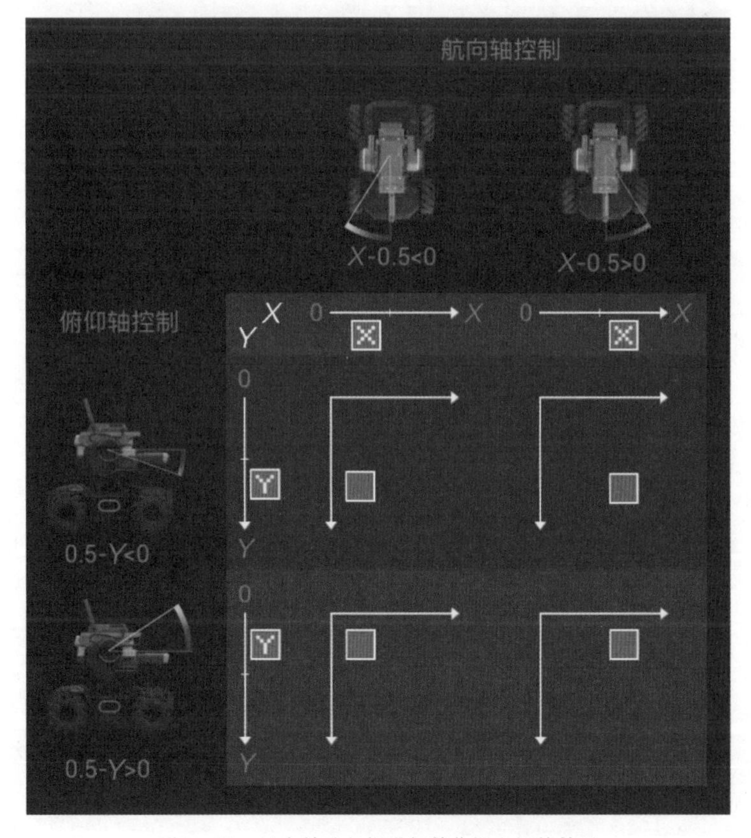

图10-12　云台转动与视觉标签位置之间的关系

5. 但在实际测试时，我们发现云台移动得非常缓慢甚至不会移动，这与我们的设想不符。

6. 经过仔细分析，我们发现，就算视觉标签位于视野最左侧，即 X=0，X−0.5= −0.5°/s，此时控制量依然太小，不足以使云台转动起来。

7. 因此我们需要给视觉标签离中心点的距离乘上一个系数 K_x，将控制量设为 $K_x\times(X-0.5)$，使控制量成比例放大。

8. 逐渐增大变量 K_x 的值，云台就按照预期动起来了。

三、编写视觉标签跟踪程序

根据前面的分析，我们编写简单的反馈控制程序跟踪视觉标签。

1 在前面程序的基础上，加入云台控制部分，设置整机运动模式为自由模式，新建控制变量 Kx 和控制变量 Ky。将 Kx 设为 90，将 Ky 设为 65。

2 新建云台偏航轴变量 Yaw、俯仰轴偏移变量 Pitch。根据识别到的视觉标签信息，控制云台转向角度。将条件判断模块“如果 ×× 然后 ××”修改为“如果 ×× 然后 ×× 否则 ××”通过变量 Kx 和变量 Ky 控制云台航向轴和俯仰轴跟随视觉标签。

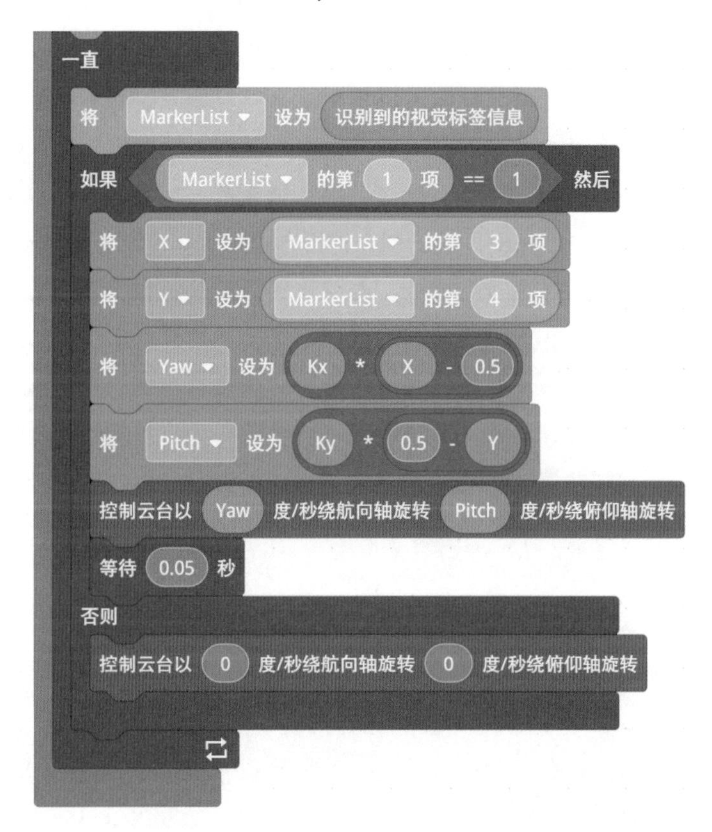

通过实践，我们总结出一套调试方法：（1）将 Ky 设为 0，先从 Kx 开始调节，逐渐增大 Kx 参数，直到出现来回抖动，稍微减小 Kx 值以消除抖动，记录 Kx 值；（2）将 Kx 设为 0，以相同的方法调试 Ky；（3）把记录的 Kx、Ky 值都放入云台速度控制模块中，运行观察效果。此时单击“运行”，移动视觉标签，云台就可以实现自动跟随了。

拓展反思

老师告诉我们，其实前面测试的 Kx、Ky 就是自动化领域中最基础的控制策略——P 控制，也就是比例（Proportional）控制。我们在进一步测试后发现，如果视觉标签以恒定速度在相机视野中不停做圆周运动，云台会出现误差。怎样才能精准控制云台，消除误差呢？我们求助了老师，引入了 PID 控制器。

大师加油站

什么是PID控制器?

认识 PID 控制器之前，我们需要先清楚 2 个系统：开环控制系统和闭环控制系统。

开环控制系统是指系统的控制输入端不受输出端影响的控制系统（系统不需要反馈信息）。比如日常生活中的煤气炉和锅就是典型的控制温度的开环系统，我们打开煤气炉阀门，点燃火焰开始加热锅。闭环控制系统存在一条由信号通路和反馈通路构成的闭合回路，即系统需要将输出的一部分或全部，通过一定方法反送至系统输入端，然后将反馈信息与原输入信息进行比较，再将比较的结果施加于系统进行控制，避免系统偏离预定目标，因此，我们也称闭环控制系统为反馈控制系统。比如在上面的例子中，我们增加一个温度传感器检测锅的温度，从而让炉子可以自动调节煤气炉阀门的打开程度，使锅的温度保持在一定值，这个温度传感器的作用就是反馈。因为引入了反馈回路，所以闭环控制系统的结构更复杂、成本更高，但它的优势在于不管是出于外部扰动或者内部变化，只要被控制量偏离设定值，就会产生相应的控制量去消除误差。

以机甲大师跟踪视觉标签为例，我们向云台控制器输入视觉标签的误差距离，云台控制器会进行整体角度控制，并向云台电机输出一个转动速度。PID 控制器的作用是消除输入的目标位置与传感器反馈的当前位置之间的误差，并输出一个转速值。其中 K_p 为比例系数，K_i 为积分系数，K_d 为微分系数。PID 其实是比例（Proportional）、积分（Integral）、微分（Derivative）的缩写。

PID控制器原理

真是太奇妙了！同学们兴奋不已，马上进行了程序优化，步骤如下。

1 在之前编写的程序中加入PID控制器部分。新建PID控制器变量Yaw和Pitch，设两个变量的Kp、Ki、Kd参数分别为115、0、5和85、0、3。删除旧变量Kx、Ky、Yaw、Pitch。

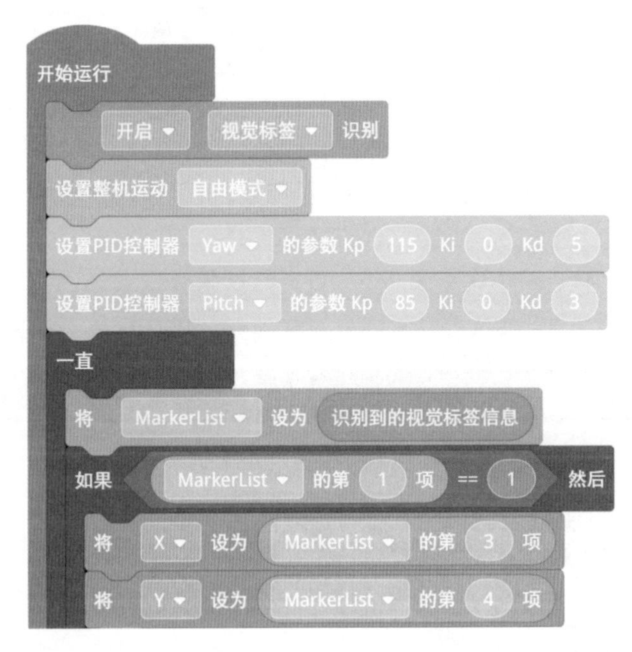

2 将PID控制器相关变量Yaw和Pitch的误差值分别设为X−0.5、0.5−Y。控制云台以PID控制器的输出值转动航向轴和俯仰轴。

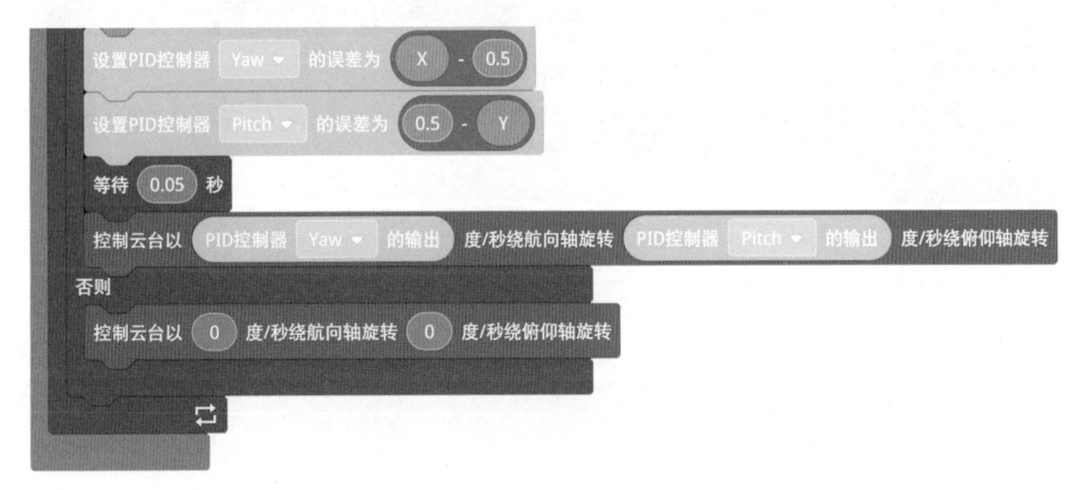

PID 控制器参数的调节不是一次就能完成的，经过试验，我们发现了它的调节规律，如下图所示。

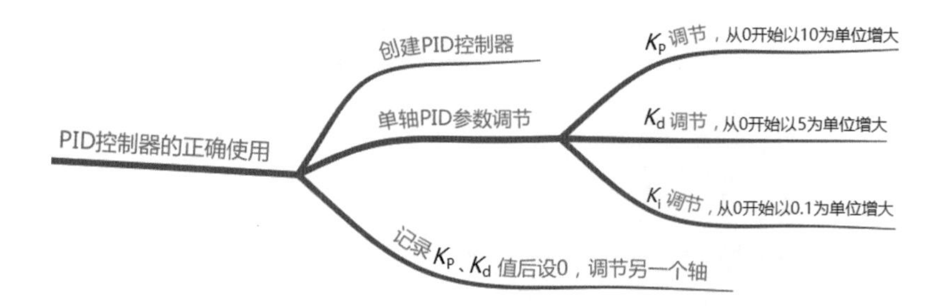

3 添加水弹发射部分。新建变量 Post，添加判断模块，当 X 方向和 Y 方向的误差值小于 Post 时，表示机甲大师已经瞄准视觉标签，可以进行射击。

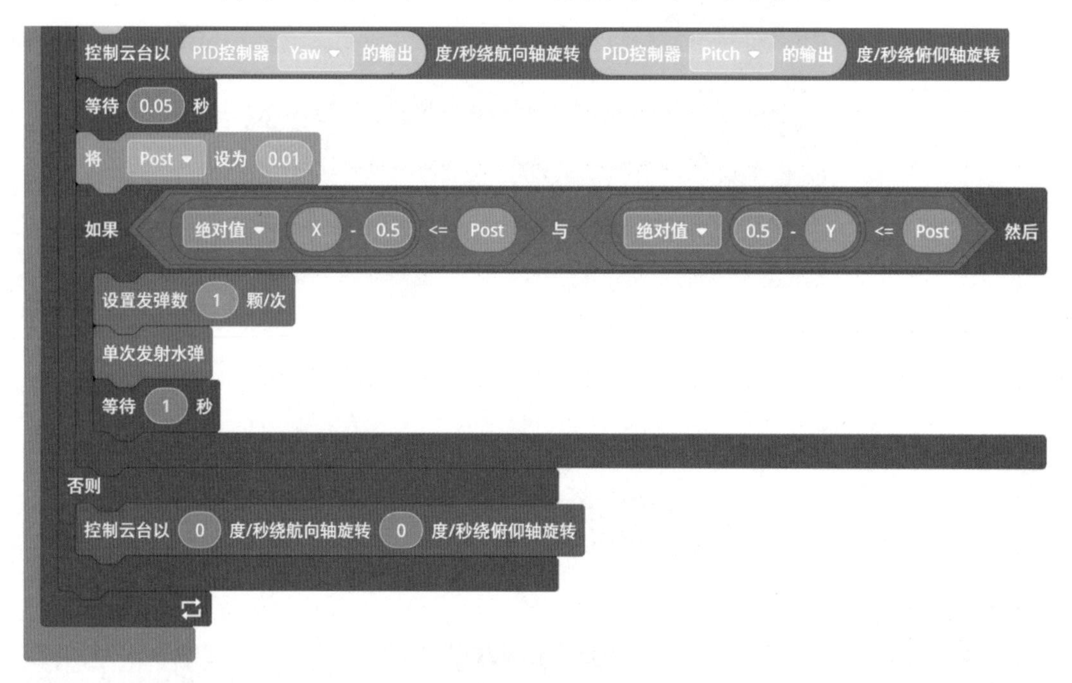

编好程序，大家迫不及待地进行了实地测试，效果非常惊人！大家纷纷为自己鼓起掌来。我们此刻终于明白了“PID 控制策略是现代社会正常运转的基石之一，生活中大到飞机、火车，小到空调、洗衣机都使用 PID 控制器控制设备正常运转”这句话的真正含义。

效果评价

我对自己本节课学习的评价是（请按掌握程度给星星涂色，5 颗星表示满分）：

1. 我进一步认识了机甲大师摄像头的识别范围和坐标	☆☆☆☆☆
2. 我能说出 PID 控制策略的基本原理	☆☆☆☆☆
3. 我能运用 PID 控制器编写云台精准跟踪视觉标签的程序	☆☆☆☆☆

课后挑战

PID 控制器让大家惊喜不已，极大地激发了大家的求知欲。我准备根据自己的情况，完成下面________的挑战。

设计一个定点击打程序。

- 层次一：能自动跟踪视觉标签，并开启航道灯进行指示。
- 层次二：使用 PID 控制器自动跟踪视觉标签，并进行自动射击。
- 超级挑战：使用 PID 控制器扫描房间，自动跟随人体移动。
- 终极挑战：使用 PID 控制器自动跟随另一台机器人。

第 11 课　精准化射击

——准星和弹道

活动目标

1. 能叙述机甲大师发射水弹的方式。
2. 能制定提高机甲大师射击精度的4种策略。

观察探究

水弹是机甲大师的攻击武器（见图 11–1），我们常常将其他对战技能与发射水弹组合使用，增加在比赛中制胜的机会。那水弹是从机甲大师的哪个部位发射出来的？它又是怎么发射的呢？

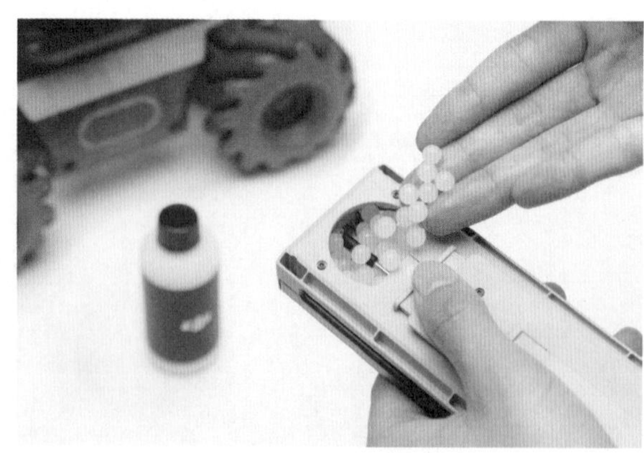

图11–1　机甲大师与水弹

小伙伴们分头查阅资料，找到了机甲大师水弹发射器的外观说明图，如图 11–2 所示，现在我们知道了水弹是通过弹道发射的。

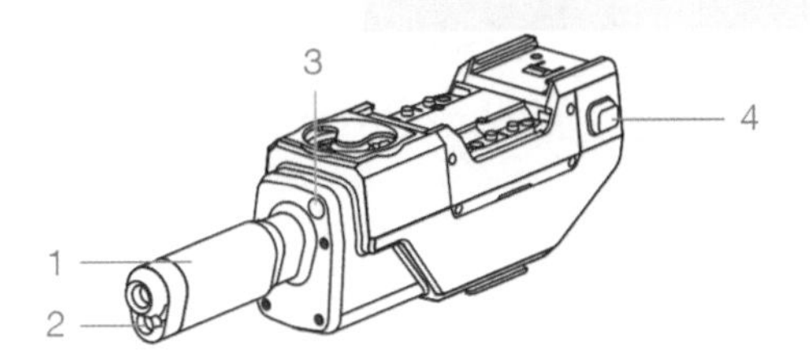

1. 弹道
2. 发射器弹道灯
3. 窄角红外发射器
4. 弹仓弹出按键

图11-2　机甲大师水弹发射器的外观说明

我们平时使用水弹时，会把水弹放进弹仓里，但弹仓和弹道之间是有一段距离的，水弹是怎么从弹仓进入弹道，继而发射出去的呢？

带着这样的疑问，我们查阅资料，找到了几种有效的弹丸发射方式。

大师加油站

弹发射方式

在机甲大师赛场上，水弹的速度是影响其威力的关键因素，要想使水弹给对方会的机器人造成伤害，而不是落地成球，就需要给水弹一个作用力，使它获得非常高的初始速度。

常见的弹丸有效发射方式有火药反射、气动发射、弹簧体蓄能发射、摩擦轮发射 4 种。火药发射是通过击针击打底火，点燃火药，使弹丸在高温、高压的作用下获得初始速度向外发射；气动发射是使用充放气储气装置释放压缩空气，使弹丸获得动力向外发射；弹簧体蓄能发射是使用弹簧、橡皮筋、弹性弓臂等部件作为蓄能装置，使弹丸在弹力的作用下向外发射；摩擦轮发射是利用对称式正飞轮组摩擦弹丸，使弹丸在摩擦力和压力的作用下获得初始速度向外发射。

那机甲大师是用哪种方式发射水弹的呢？我们决定拆开机甲大师的水弹发射器，看看里面的结构，如图 11-3 所示。

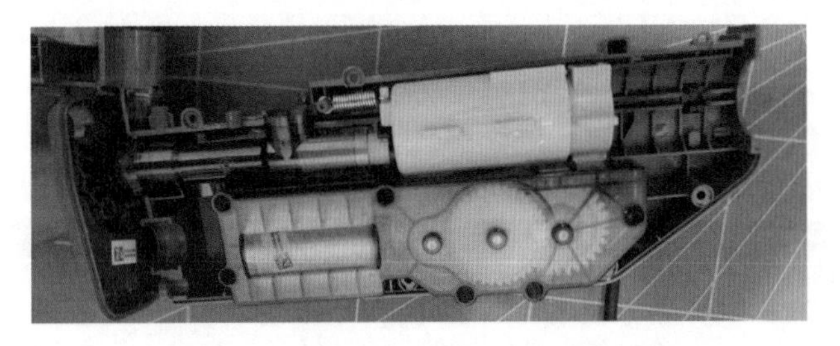

图11-3　机甲大师水弹发射器的内部结构

在水弹发射器内部，我们看到了弹簧、齿轮，还有两个令我们疑惑的装置。这些部件有什么作用，跟水弹的发射又有什么关系呢？在老师的帮助下，我们找到了水弹发射器内部构造图，如图 11-4 所示。

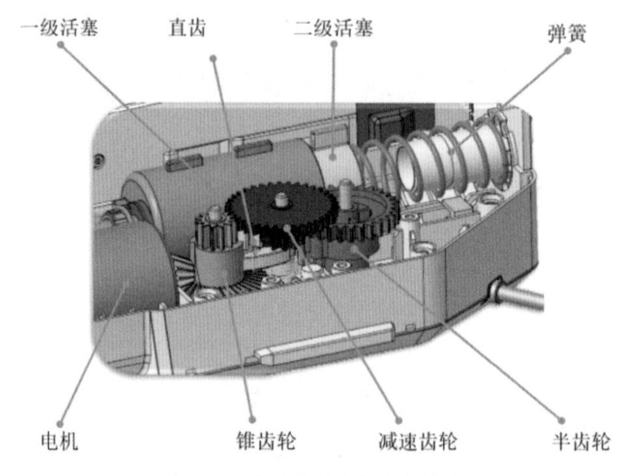

图11-4　水弹发射器的内部构造图

原来那两个令我们疑惑的部件是活塞和电机。我们发现，水弹发射器内部的活塞分为________和________，3 个齿轮也不一样，分别是____________________________，与半齿轮相连的还有一个叫______的部件。在老师的帮助下，我们获得了水弹发射的相关资料，了解了水弹发射器内各部件的作用，明白了水弹发射的原理。

> 机甲大师的水弹发射端由驱动电机、变速箱（3 个齿轮和 1 个防反转棘爪）以及活塞发射机构（一级活塞和二级活塞）组成。驱动电机是活塞发射机构的动力来源，一级活塞首先被变速箱中的半齿轮带动进行直线运动，它所连接的弹簧会产生拉力等待释放。当变速箱中的半齿轮到达无齿区域后，一级活塞会被迅速释放，它的前侧堵头会将水晶弹推至三通管中等待二级活塞的到来。在一级活塞被带动运转时，二级活塞同样跟着运动，它后侧的弹簧不断被压缩。当变速箱中的半齿轮到达无齿区域后，二级活塞会被迅速释放，瞬间挤压气缸中的气体，把水弹喷射出去。

原来机甲大师的水弹是在气缸瞬间气压的作用下喷射而出的，发射器里的电机、齿轮、活塞和弹簧共同作用，使气缸产生气压，合力促成水弹的发射。

做中学练

了解了机甲大师发射水弹的方式，我们开始思考如何提高水弹射击目标的准确度。在汇总了小伙伴们的想法后，我们决定从以下 4 个方面提高水弹的射击精度。

一、提高弹簧蓄能

与一级活塞、二级活塞相连接的弹簧的储能多少会影响气缸气压的大小。提高弹簧储能可以提高水弹的发射速度，提高射击精度。那弹簧的储能由什么决定呢？我和小伙伴分头行动，找到了两条长短、粗细不同的弹簧，如图 11–5 所示。哪种弹簧储能更多呢？

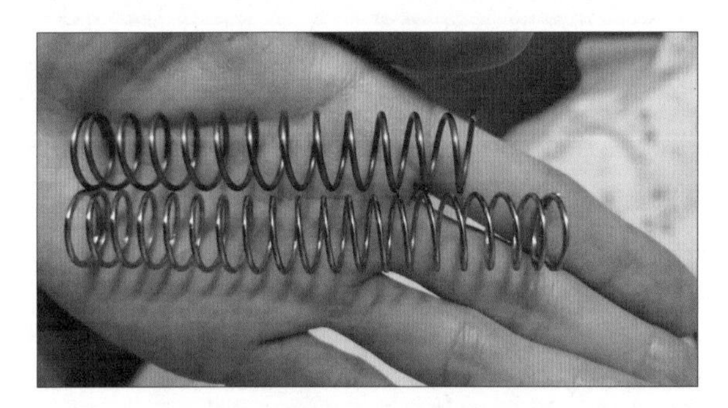

图11–5　两条长短、粗细不同的弹簧

我们上网查找了弹簧弹力的相关知识，发现弹簧是胡克型材料，满足胡克定律 $F=kx$，x 代表弹性形变量，k 代表劲度系数，当弹性形变量为定值时，弹簧的劲度系数越大，弹力就越大。

弹簧的劲度系数与弹簧圈的直径成反比，与弹簧的线径的 4 次方成正比，与弹簧材料的弹性模量成正比，与弹簧的有效圈数成反比，如图 11–6 所示。

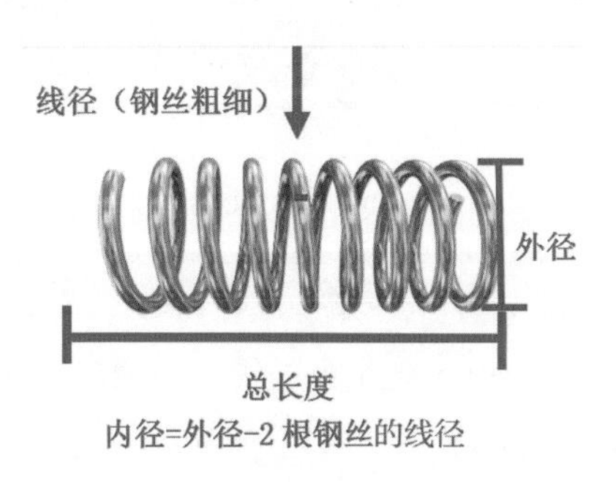

图11–6　与弹簧劲度系数有关的参数

所以，越长越粗的弹簧，劲度系数越大，在弹性形变为定值的情况下，越长越粗的弹簧弹力越大，储能也越多。因此，我和小伙伴决定通过加长、加粗弹簧来增加弹簧储能，提高水弹的发射速度。

速度可不是越快越好，我国《公安机关涉案枪支弹药性能鉴定工作规定》中指出：枪口比动能大于等于 1.8J/cm^2 的发射装置一律认定为枪支。机甲大师的水弹发射速度约为 26m/s，弹道内装有速度传感器，当弹丸速度过高时，会禁止射击！

在老师的提醒下，我们决定适当提高弹簧蓄能，在保证安全的前提下，提高水弹射击速度，优化射击精度。

二、优化弹道轨迹

我们在网上发现了一种叫作上旋器的产品，如图 11-7 所示，它可以稳定弹道，增加机甲大师的射程。我们决定深入研究一番，看看上旋器背后的原理。

图11-7　上旋器

通过查找资料，我们发现上旋器其实是一种对抗地心引力的装置。没有上旋器的时候，水弹在地心引力的作用下逐渐下坠，如图 11-8 所示，有了上旋器，水弹在上下气流压力的作用下，开始通过旋转对抗地心引力，如图 11-9 所示。

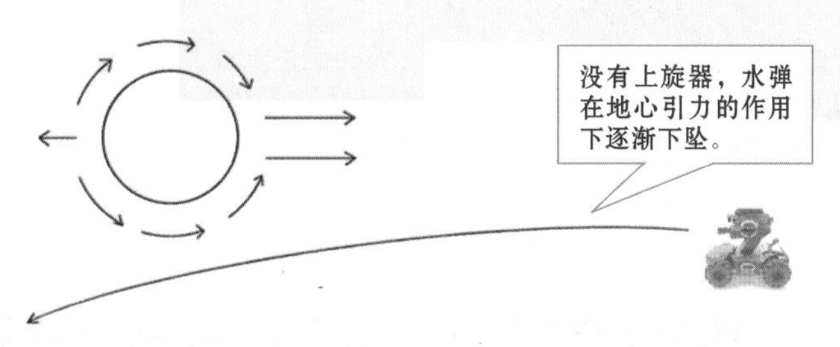

图11-8　没有上旋器时水弹的运动轨迹

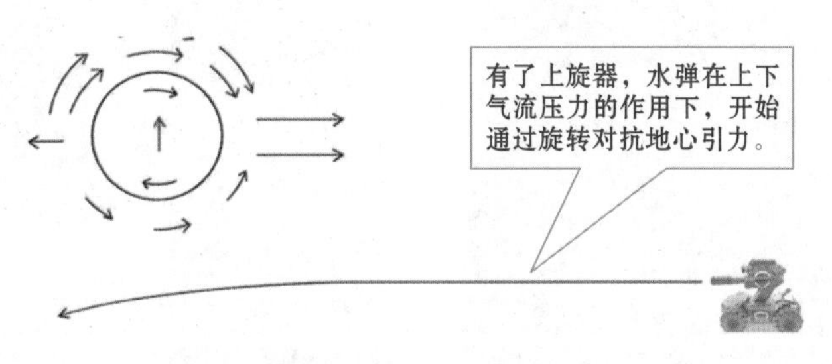

图11-9　有了上旋器后水弹的运动轨迹

我们可以明显地看出，有了上旋器后，水弹的运动轨迹更加平顺，而且射程更远。老师告诉我们，上旋器还可以降低由结构导致的方向偏移问题。上旋器真是一个优化弹道轨迹的好帮手啊！

三、优化射击角度

优化射击角度可以从优化准星和射击点两方面进行考虑，经过讨论，我们认为可以通过修正准星坐标，配合自定义技能和 4 倍镜放大来优化射击角度。

打开 RoboMaster App，连上机甲大师后，单击设置图标 ，找到“控制”→“准星坐标”选项，如图 11-10 所示。

图11-10　找到“准星坐标”选项

细心的小伙伴提醒大家将机甲大师放置在水平桌面或地面上，通过 App 界面上的上、下、左、右图标来微调准星位置，这样修正才准确哦！调整合适后，单击右上角的“保存”按钮即可，如图 11-11 所示。

有的小伙伴提出可以配合自定义技能优化射击点，我们可以根据前面所学的内容，编写水弹发射程序，开启云台速度杆量叠加，手动控制云台发射水弹，并将程序装配为自定义技能，随时调用。另外，使用 4 倍镜放大也是一种优化射击点的好办法，如图 11-12 所示。优化射击角度后，水弹的射击精度更高了！

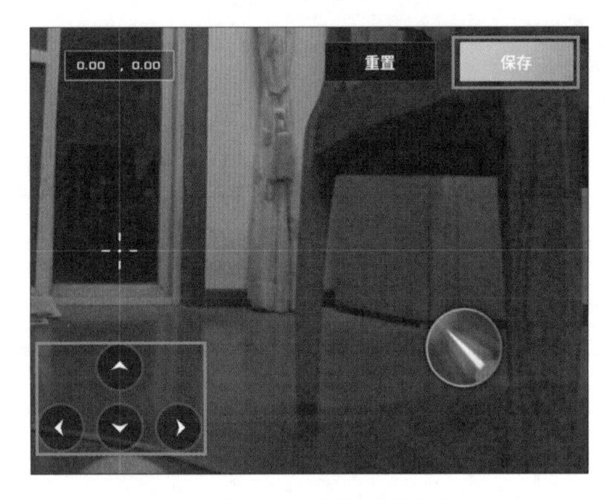

图11-11　微调准星位置

图11-12　自定义技能和4倍镜放大

四、优化控制方式

有小伙伴另辟蹊径，提出可以通过优化机甲大师的控制方式来优化水弹的射击精度。打开 RoboMaster App，我们可以看到机甲大师有 3 种控制方式，如图 11-13 所示。

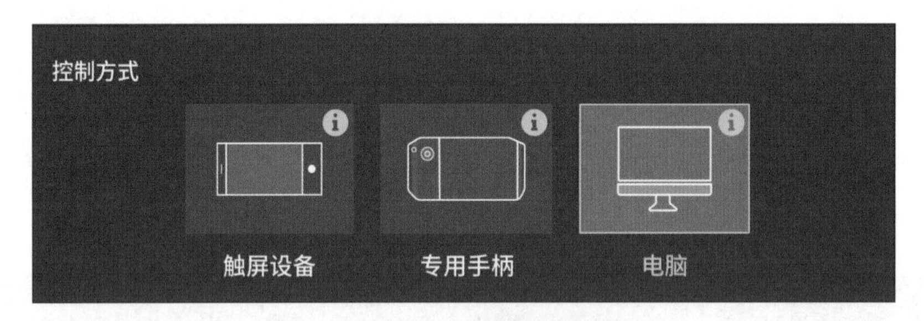

图11-13　机甲大师的3种控制方式

使用手柄或电脑的鼠标和键盘，可以更加精确地控制水弹射击。尤其是使用手柄操控，还可以精确控制水弹的射击量，实现快速射击，手柄摇杆方向和机甲大师运动方向的对应关系如图 11-14 所示。

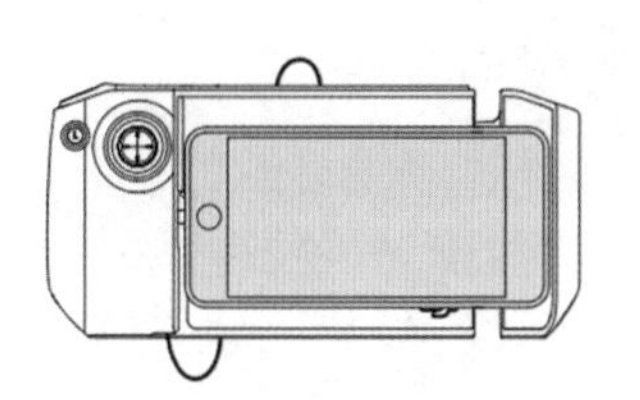

摇杆方向	机甲大师运动方向	摇杆方向	机甲大师运动方向
	前 后		左　右

图11-14　手柄摇杆方向和机甲大师运动方向的对应关系

使用电脑控制机甲大师，鼠标和键盘是不可缺少的工具，通过鼠标和键盘发射水弹的操作说明如图 11-15 所示。

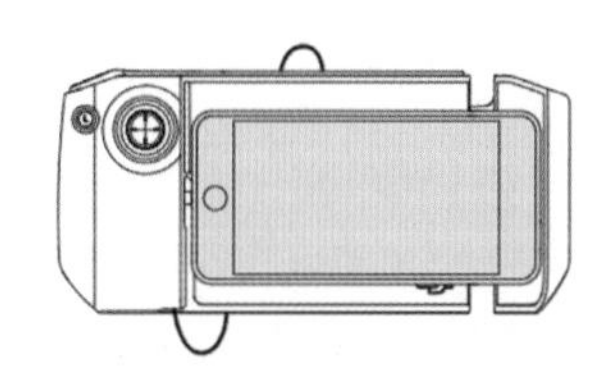

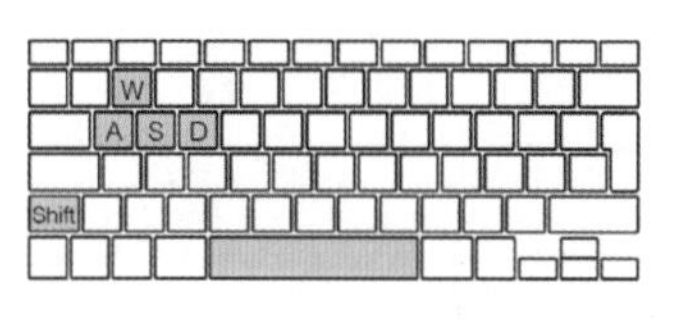

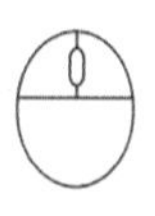

键盘动作	机甲大师动作
W	向前移动
A	向左移动
S	向后移动
D	向右移动
Shift/ 空格	加速

鼠标动作	机甲大师动作
单击鼠标左键	发射水弹
单击鼠标右键	放大当前画面
滑动滚轮	未定义
移动鼠标	控制云台角度

图11-15　通过鼠标和键盘发射水弹

通过手柄或电脑的鼠标和键盘控制发射器发射水弹比通过移动触屏设备发射水弹更加精确有效。

拓展反思

“更换弹簧可比修正准星坐标麻烦多了！”小伙伴的一句话激发了大家进一步的思考。这 4 种优化水弹射击精度的方式有的实现起来很容易，有的确实需要费一番工夫。大家按实施的难易程度，对 4 种水弹射击精度优化策略进行了排序：①__________、②__________、③__________、④__________。

大家一致认为修正准星坐标是最简单的优化方式，于是我们决定通过校对准星坐标，举行一场定点射击比赛。有小伙伴发现，打开 FPV 画面适应屏幕和 FPV 云台姿态显示开关，在 1m 外用可乐瓶作为参照物，瞄准瓶盖，可以更好地调整准心，如图 11-16 所示。

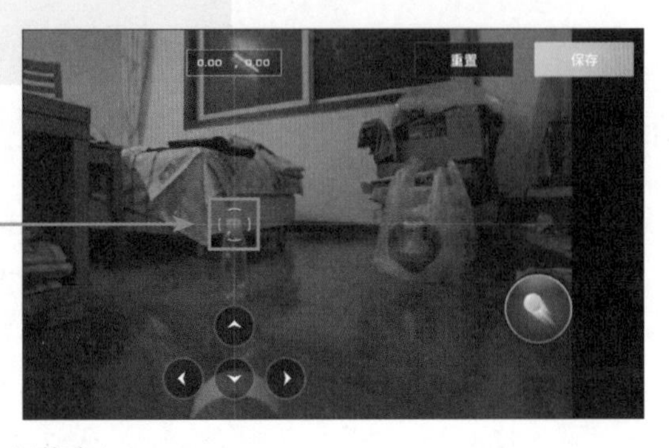

图11-16　调整准心

准心校正后，大家兴高采烈地邀请老师担任评委，准备一起去室外比赛。

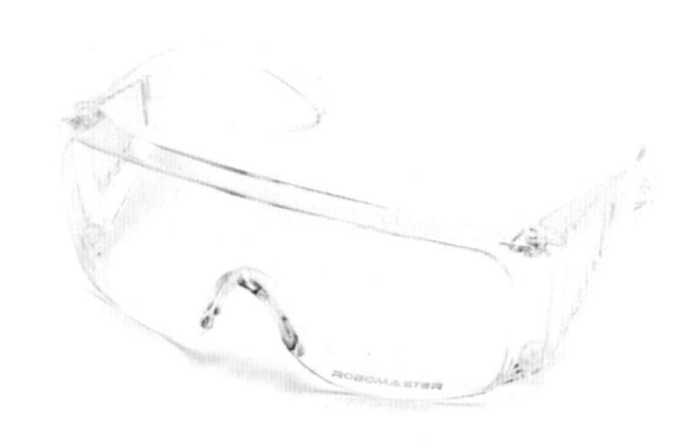

图11-17　护目镜

老师的话提醒了我们，水弹有一定的威力，我们需要做好防护措施，一定要戴上护目镜，如图 11-17 所示。发射水弹时，也要确保弹道前方没有人才可以！

做好准备工作后，我们终于来到了室外，但是怎么比呢？经过讨论，大家制订了比赛规则。

图11-18　固定靶子

在 1m 外定点射击固定的靶子（见图 11-18），击倒 3 个得 1 分。看谁在 1min 内获得的分数最高！比一比哪一组总分最高！

知道比赛规则后，大家以小组为单位进行定点射击，我们小组得了第____名。大家修正准星坐标的优化策略可真有效，我们准备在课下试一下其他水弹射击精度优化策略，约上小伙伴再赛一场！

效果评价

我对自己本节课学习的评价是（请按掌握程度给星星涂色，5 颗星表示满分）：

1. 我知道机甲大师发射水弹的方式	☆☆☆☆☆
2. 我知道如何提高水弹射击精度	☆☆☆☆☆
3. 我能和同伴合作查找资料，解决问题	☆☆☆☆☆

课后挑战

这次，我控制机甲大师发射水弹的精度提高了一大截！趁热打铁，我决定进一步练习，强化精准射击。

- 层次一：在 1m 外，控制机甲大师击中 1 个可乐瓶盖。
- 层次二：在 2m 外，控制机甲大师击中 1 个可乐瓶盖。
- 超级挑战：在 4m 外，控制机甲大师击中 1 个可乐瓶盖。
- 终极挑战：在 6m 外，控制机甲大师在扭腰反击时，击中 2 个可乐瓶盖。

第四章　披荆斩棘

本章包括“寻迹游骑兵”“飞车炫漂移”“秒射九宫格”“舞动机甲生”4个主题内容，以深入浅出的方式让学生掌握人工智能视觉识别原理以及借助PID控制器进行巡线的编程技巧，同时，帮助学生学会分析机甲大师摄像头获取的巡线信息，并通过FPV界面测试巡线信息，控制底盘前进。本章还帮助学生将识别的视觉标签结果存储到列表中，从而实现快速击打九宫格视觉标签，以及在竞速赛中掌握弯道超车漂移的方法，以提高实战技能水平。在本章的最后，大家将一起探究进阶版Python编程方法，群体控制机甲大师，实现机甲大师的集体舞蹈，展现机甲大师强大的舞台效果。

第 12 课　寻迹游骑兵

——PID 和巡线信息

活动目标

1. 理解红外传感器和人工智能视觉识别巡线的基本原理，并能说出它们的不同之处。
2. 知道机甲大师存储巡线信息列表的结构和特征。
3. 总结巡线中PID控制器的调节方法，编写在巡线时射击视觉标签的程序。

观察探究

机器人通常是通过红外传感器、颜色传感器、磁力传感器等来实现巡线功能的，如图 12-1 所示。但机甲大师并没有配置红外传感器，大家猜测它可能是使用了人工智能图像识别技术，用摄像头进行巡线。那它是怎么做到的呢？这个问题引起了我们极大的兴趣。

图12-1　小车巡线传感器

为了查找答案，我们先从熟悉的红外巡线传感器（见图 12-1）着手，从最容易的部

分开始分析。此时巡线一般有 3 种情况，如图 12-2 所示。

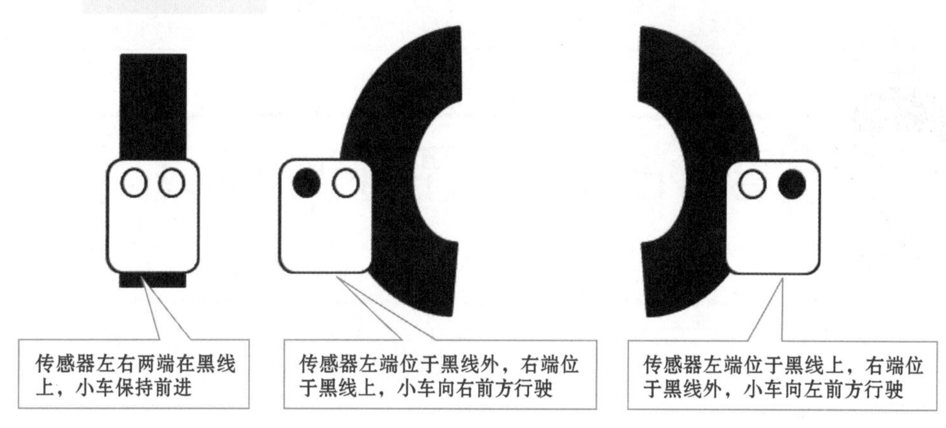

图12-2　巡线的3种情况

如果需要更详细地获取线的信息，常规的做法是增加传感器，但这也会增加程序的复杂度。如果机甲大师是通过摄像头获取线的信息的，那么得到的信息量肯定不少，最适合存储信息的数据类型就是列表，我们通过查阅资料印证了这一点，如图 12-3 所示。

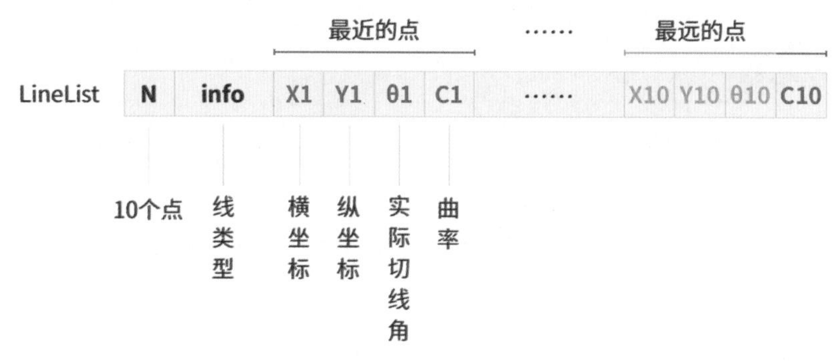

图12-3　存储线信息的列表结构

其中 N 的值为 10；info 为 0、1、2、3，分别表示无线、一条线、Y 形路、十字路。列表会存储路线上由近到远的 10 个点，除去列表的前 2 个数值，后面每 4 个数据为一组，分别记录 10 个点的 X、Y 坐标以及实际切线角和曲率。稍加计算，我们就能知道一条单线的视觉识别数据列表长度是 42，如图 12-4 所示，这让小伙伴们相当惊讶。

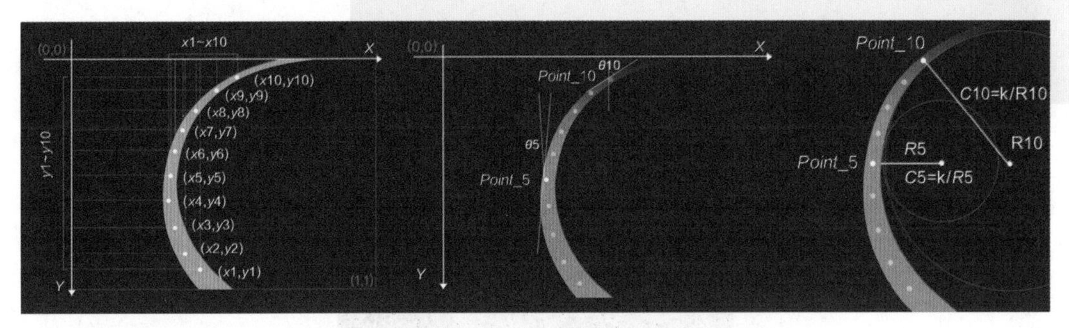

图12-4　列表数据说明

做中学练

为了方便实际测试，我们按照说明书，将蓝色胶带贴在 A4 纸上搭建了一条线路，如图 12-5 所示。

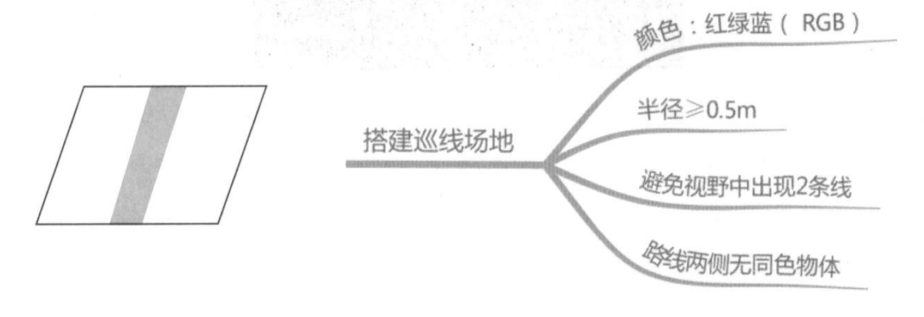

图12-5　搭建线路

1 控制云台向下旋转 20° ，开启线识别，创建 LineList 列表存储单线信息。

```
开始运行
  控制云台 向下 旋转 20 度
  开启 线识别
  设置线识别颜色为 蓝
  一直
    将 LineList 设为 识别到的单线信息
```

2 将贴好蓝线的 A4 纸放在机甲大师前方，运行程序，打开 FPV 界面观察列表 LineList 内的数据。

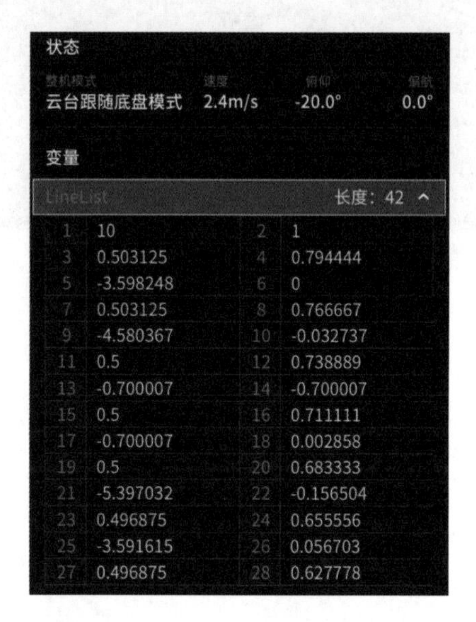

1	10	2	1
3	0.503125	4	0.794444
5	-3.598248	6	0
7	0.503125	8	0.766667
9	-4.580367	10	-0.032737
11	0.5	12	0.738889
13	-0.700007	14	-0.700007
15	0.5	16	0.711111
17	-0.700007	18	0.002858
19	0.5	20	0.683333
21	-5.397032	22	-0.156504
23	0.496875	24	0.655556
25	-3.591615	26	0.056703
27	0.496875	28	0.627778

3 我们利用 PID 控制器进行巡线，选取路线上第 5 个点的 *X* 坐标，也就是把 LineList 第 19 项存储到变量 x，使该点坐标始终位于视野中央。设置整机运动模式为自由模式，不控制底盘，只调节云台的 PID 值。

```
设置PID控制器 Follow_Line 的参数 Kp 350 Ki 0 Kd 50
一直
    将 LineList 设为 识别到的单线信息
    如果 LineList 的项目数 == 42 然后
        如果 LineList 的第 2 项 >= 1 然后
            将 x 设为 LineList 的第 19 项
            设置PID控制器 Follow_Line 的误差为 x - 0.5
            控制云台以 PID控制器 Follow_Line 的输出 度/秒绕航向轴旋转 0 度/秒绕俯仰轴旋转
    否则
        控制云台以 0 度/秒绕航向轴旋转 0 度/秒绕俯仰轴旋转
```

4 调整好 PID 参数后，我们再把整机运动模式修改为底盘跟随云台模式，在 PID 控制器输出之后添加底盘平移模块。

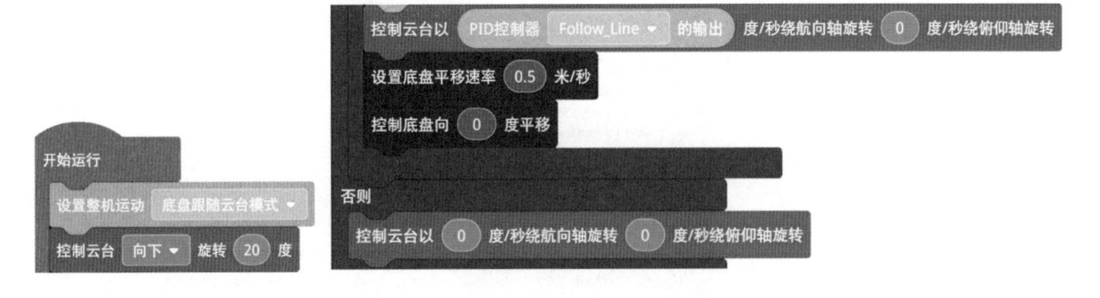

拓展反思

一、优化单线巡线效果

程序运行效果出类拔萃，大家兴奋地叫了起来！回想起乘坐出租车时，在没什么车辆的直道上前进，司机会踩下油门加速，在转弯时会踩下刹车减速，这样就可以缩短抵达目的地的时间。大家希望机甲大师的巡线也能达到这样的效果，我猜测要实现它肯定跟线的__________有关。

根据弯道减速、直线加速的要求进行分析，当实际切角为 90° 时，说明线路弯度最大，需要使用最低速度，当实际切角为 0° 时说明线路是一条直线，可以使用最高速度。在老师的帮助下，我们建立了如下公式调节速度 v 的值。

$v = V_{average} - K \times |\theta|$（$\theta$ 为偏移角）

上述公式中变量对巡线效果的影响如表 12-1 所示。

表 12-1　变量对巡线效果的影响

变量	大	小
$V_{average}$	巡线速度快	巡线速度慢
K	巡线速度变化大，巡线稳定	巡线速度均匀，容易冲出跑道

接着，我们来试着编写程序。

1 新建变量 v、V_average、K，分别用来存储底盘平移速率、平均速度和调节比例系数，将变量 V_average 和 K 的初始值分别设置为 1 和 0.65。

开始运行
设置整机运动 底盘跟随云台模式
控制云台 向下 旋转 20 度
开启 线识别
设置线识别颜色为 蓝
将 V_average 设为 1
将 K 设为 0.65

2 在 PID 控制器输出模块后添加公式，偏移角取第 9 个点的实际切线角，然后除以 180，接着设置底盘平移速率为变量 v 的值，向 0° 平移。

控制云台以 PID控制器 Follow_Line 的输出 度/秒绕航向轴旋转 0 度/秒绕俯仰轴旋转
将 v 设为 V_average - K * 绝对值 LineList 的第 37 项 / 180
设置底盘平移速率 v 米/秒
控制底盘向 0 度平移

二、添加视觉标签

大家强烈要求再增加一个功能：在巡线时击打视觉标签。不过需要注意，视觉标签不能压线，且要能够出现在摄像头视野里，如图 12-6 所示。

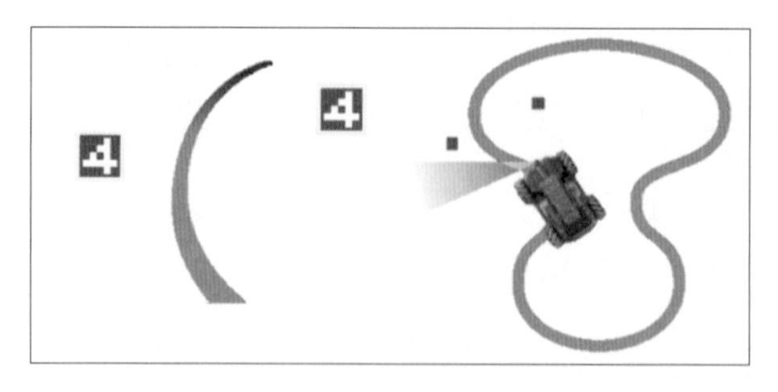

图12-6　添加视觉标签

在第 10 课中，我们使用 PID 控制器进行云台控制，那有没有更简单的策略让云台可以直接瞄准射击呢？我们讨论后认为，在当前任务条件下，直接进行视觉标签的坐标系转换似乎更容易控制云台的角度，如图 12-7 所示。

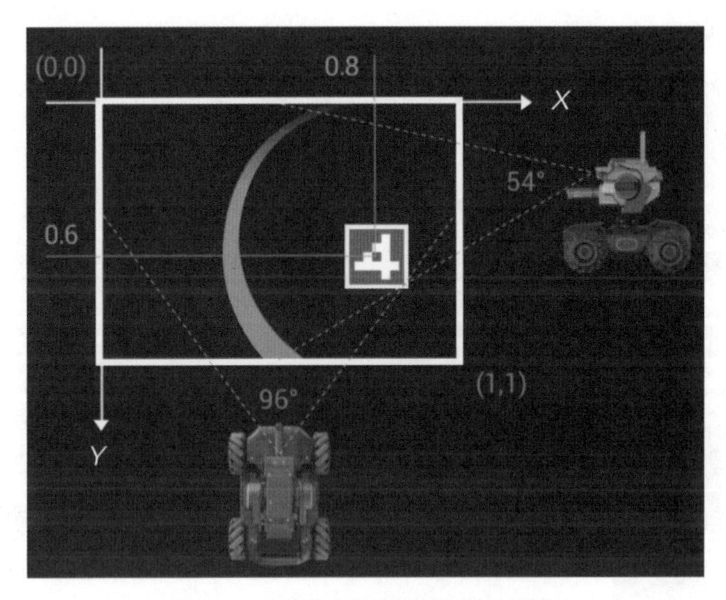

图12-7　直接进行视觉标签的坐标系转换

以坐标为（0.8, 0.6）的视觉标签为例，通过 FPV 界面观察可得，准星默认位置在（0.5, 0.5）。航向轴向右转为正，向左转为负；俯仰轴向上转为正，向下转为负。要对准视觉标签，航向轴对准角度为 $(0.8-0.5)\times 96=28.8°$ ；俯仰轴对准角度为 $(0.5-0.6)\times 54=-5.4°$ ，也就是航向轴向右转动 28.8° ，俯仰轴向下转动 −5.4° 。

接下来，我们一起来编写程序。

1 开启视觉标签识别，新建列表 MarkerList 和射击函数 Shoot，用来存储视觉标签信息和处理射击动作。

开启 线识别
设置线识别颜色为 蓝
开启 视觉标签 识别
设置视觉标签的可识别距离为 1 米内

控制底盘向 0 度平移
将 MarkerList 设为 识别到的视觉标签信息
如果 识别到 任一数字 然后
Shoot

② 新建变量X、Y，用来存储视觉标签的坐标值，添加与射击函数Shoot相关的模块：如果机甲大师识别到视觉标签，就设置整机运动模式为自由模式，转换视觉标签的坐标系，控制云台进行快速精准射击。

③ 由于射击时整机运动模式为自由模式，射击函数结束后，返回到主程序继续巡线就需要重新设置整机运动模式为底盘跟随云台模式，所以我们在单线识别之后，加入相应模块。

效果评价

我对自己本节课学习的评价是（请按掌握程度给星星涂色，5 颗星表示满分）：

1. 我能通过分析红外传感器类比学习机甲大师巡线原理	☆☆☆☆☆
2. 我会用视觉识别巡线信息特征编写巡线程序	☆☆☆☆☆
3. 我能使用新的视觉标签坐标转换方法，控制云台射击	☆☆☆☆☆

课后挑战

通过变量 V_average 和 K，我们小组终于编写了巡线时击打视觉标签的程序，大家都特别高兴。我还准备完成下面 ________ 的挑战。

设计一个按路线巡逻的程序。

- 层次一：让云台始终瞄准路线。
- 层次二：能按拟定路线巡逻。
- 超级挑战：在按拟定路线巡逻过程中，识别到人时进行激光警示。
- 终极挑战：在超级挑战的基础上，让机甲大师定时启动，按路线巡逻。

第 13 课　飞车炫漂移

——自动漂移控制与反击

活动目标

1. 能解释机甲大师实现漂移掉头的基本原理。
2. 能编写程序实现机甲大师自动漂移反击。

观察探究

电影里的赛车手驾驶汽车漂移过弯，实在太帅了（见图 13-1），要是我的机甲大师也能这样漂移（见图 13-2），那该有多酷啊！

图13-1　赛车漂移

图13-2　机甲大师漂移

漂移操作该如何实现呢？为了解开这个疑问，小伙伴们分头查阅资料，找到了车辆漂移背后的原理。

汽车漂移原理

漂移是一种驾驶技巧，是车手以过度转向的方式令汽车侧滑行走，故又称“侧滑”或“甩尾”，这种技巧主要用在表演或是路况变化较大的赛车活动中。

产生漂移的原因是汽车后轮横向力在质心处产生的旋转力矩小于前轮横向力在质心处产生的旋转力矩，此时车尾向外滑。为了达到这个条件，专业人士通过某些操作使汽车后轮失去大部分抓地力，此时，汽车前轮依然保持抓地力，只要汽车前轮有一定的横向力，车尾就会外滑，产生漂移。漂移动作由专业人员经过训练并在指定场地才能完成。

可以发现，漂移是在旋转的基础上产生的。直接利用底盘控制模块控制机甲大师旋转 180°，可以实现漂移效果吗？

做中学练

我们准备编写程序测试一番，拖动底盘平移模块和旋转模块，将底盘平移速率设为 1m/s，将底盘旋转速率设为 180°/s，将底盘平移时间设置为 1s，根据旋转时间 = 旋转角度/旋转速率，将底盘旋转时间也设为 1s，如图 13-3 所示。

图13-3　编写测试程序

运行程序后，我们发现期待的漂移效果并没有出现，机甲大师只是平平淡淡地掉了一个头。按理说，机甲大师装配了麦克纳姆轮，实现漂移掉头应该比普通车辆更加容易，

问题究竟出在哪里?

我们再次分析程序，发现应该让机甲大师同时进行__________和__________，最后再调转__________，而不是像现在这样先平移后旋转。

我们在图像化编程界面中找到了一个可以同时控制底盘进行平移和旋转的模块，如图 13-4 所示。我们将这个模块放入程序中，运行后发现机甲大师有运动的趋势，但是不会动。细心的小伙伴发现，这个模块只是设置了底盘的平移方向和旋转角度，没有设置运行时间，需要与控制模块配合使用。当我们控制底盘向前方 90° 平移且向左旋转时，如图 13-5 所示，机甲大师实现了侧滑动作，但没有完全调头，我们还需要对侧滑的轨迹进行规划。

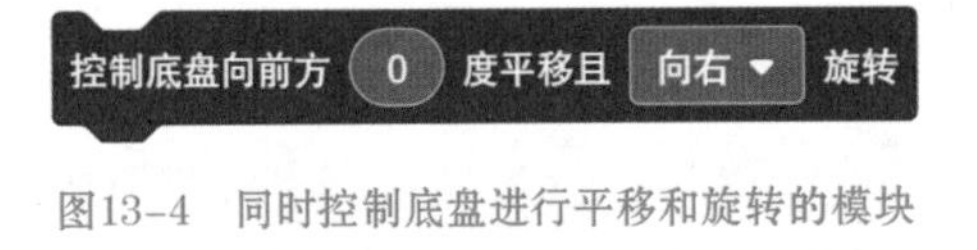

图13-4　同时控制底盘进行平移和旋转的模块

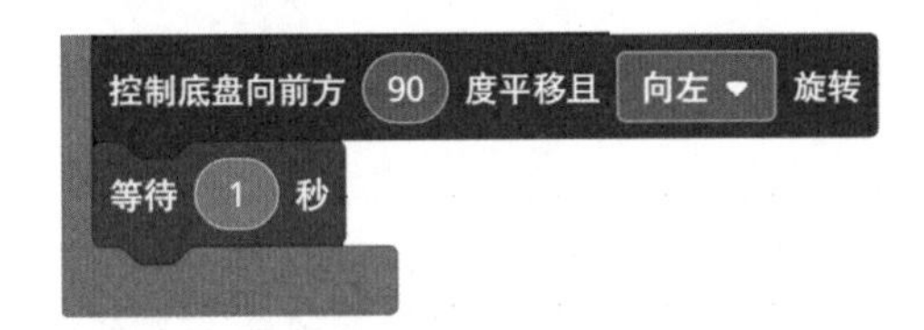

图13-5　控制底盘向前方90度平移且向左旋转

我们反复观看漂移掉头的视频，仔细分析漂移原理后发现漂移的关键在后轮，车辆在漂移时，后轮会划出一段弧线。这给了我们极大的启发，如果我们让车头指向圆心，让后面 2 个麦克纳姆轮以旋转半径为圆心驶出一个圆形轨迹，如图 13-6 所示，不就可以实现漂移掉头的效果了吗?

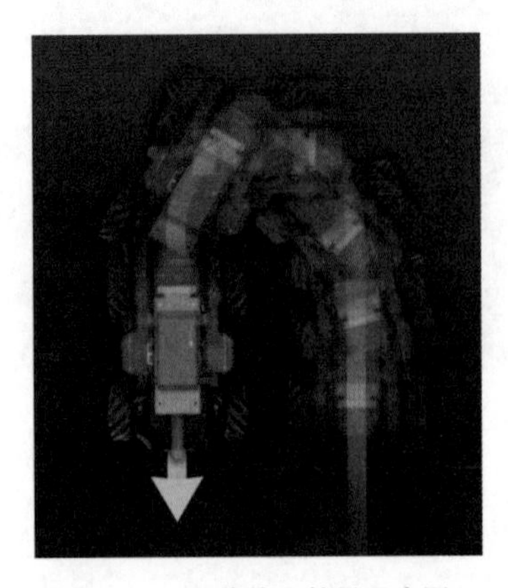

图13-6　漂移掉头效果示意图

有了实现思路，大家开始尝试编写程序。

1 新建变量R、V、W，分别表示旋转半径、平移速率和旋转速率。将R的值设为0.3，将W的值设为180。在进行匀速圆周运动时，V=W×R。由于变量W的值的单位是°/s，为了方便后面设置底盘平移速率，我们根据弧度制的转换方法，将变量W的值乘以π/180，将其单位转化为rad/s，因此我们将V设置为W×R×3.14/180。

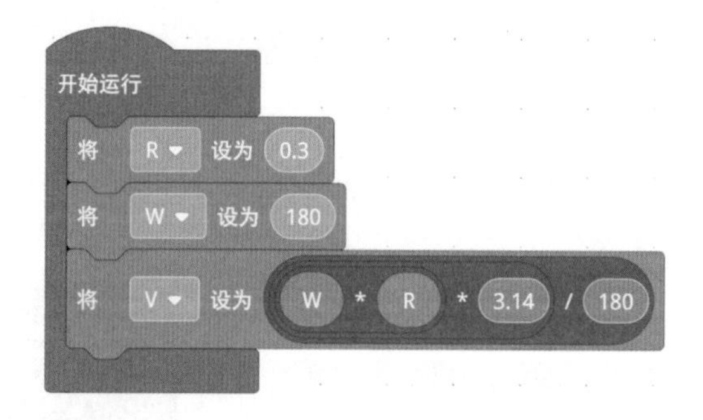

2 对底盘平移速率和旋转速率进行初始化设置后，将底盘平移速率设置为W的值（单位为°/s），将底盘平移速率设置为V的值（单位为m/s），控制底盘向前方90°平移且向左旋转，与控制模块配合，实现机甲大师先向前移动后调转180°的漂移效果。

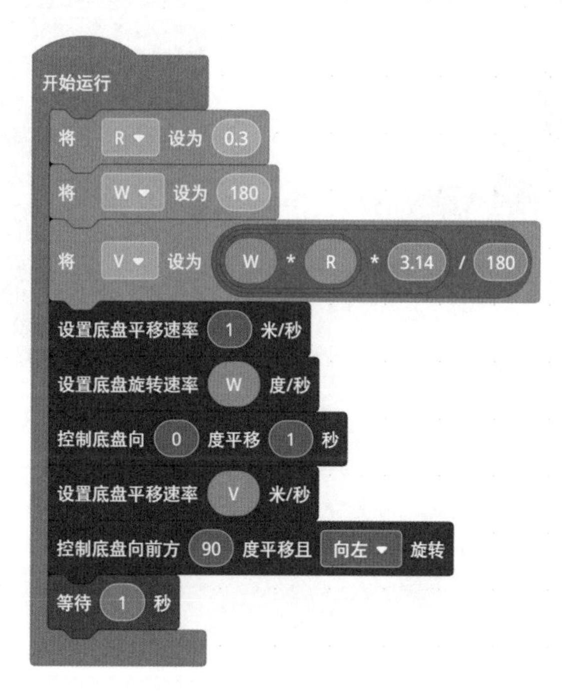

期待已久的漂移掉头效果终于出现了，大家很兴奋，不知道哪位小伙伴高喊道：“如果机甲大师可以漂移反击，那就太酷了！”这激发了我们继续挑战的欲望，我们决定尝试让机甲大师实现自动漂移反击。

拓展反思

自动漂移反击就是机甲大师遭受后方攻击后，整机快速掉头，正面发射水弹进行抗击。我们将装甲板受到攻击模块和发射水弹模块放入整个程序中，如图13-7所示。为了在对战中快速施放，我们还将自动漂移反击装配为自定义技能，如图13-8所示。

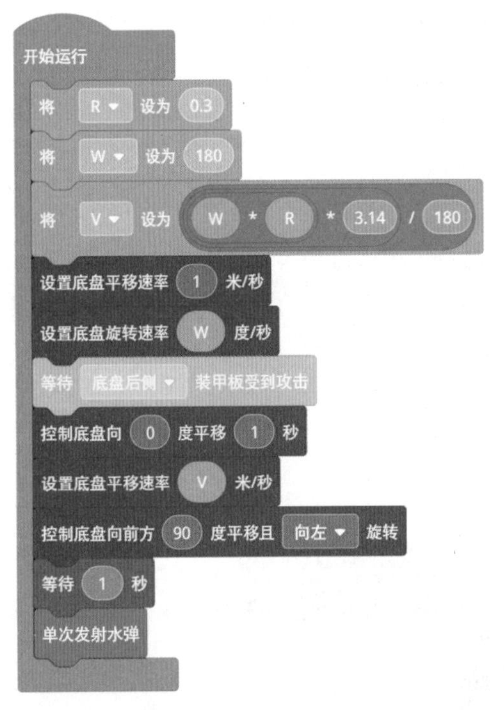

图13-7　将装甲板受到攻击模块和发射水弹模块放入整个程序中

图13-8　装配为自定义技能

自动漂移反击程序配置好后，我们进行了一场攻防对抗战，机甲大师的漂移反击动作真是太帅了，比赛吸引了很多围观同学，我们小组获得了第________名！

效果评价

我对自己本节课学习的评价是（请按掌握程度给星星涂色，5颗星表示满分）：

1. 我知道机甲大师实现漂移掉头的基本原理	☆☆☆☆☆
2. 我能编写程序使机甲大师实现自动漂移反击	☆☆☆☆☆
3. 我能帮助同伴解决编程问题	☆☆☆☆☆

课后挑战

我认为自动漂移反击技能可以在实战中综合运用！我准备调整机甲大师，完成下面________的挑战。

- 层次一：控制机甲大师进行连续漂移。
- 层次二：在层次一的基础上，半自动控制机甲大师进行反击。
- 超级挑战：在层次二的基础上，1min 内击败 1 台满血的机甲大师。
- 终极挑战：面对 3 台机甲大师的水弹射击，漂移坚持抵抗 20s。

第 14 课　秒射九宫格

——暂存列表及优化

活动目标

1. 能解释暂存列表的含义。
2. 制订提升机甲大师识别准确率和识别速度的策略。
3. 会使用PID控制器编写精准识别目标标签并射击的程序。

观察探究

在前面的学习中，我们知道机甲大师可以识别视觉标签，我们还使用 PID 控制器编写了精准追踪移动靶和巡线射击程序，感受到了机甲大师智能化的一面，我们还想进一步探索和体验更多的人工智能程序。在 App 中，我们找到了另一种技能——射击九宫格，如图 14-1 所示。

图14-1　机甲大师射击九宫格

该技能借助视觉识别功能，在有限的时间内识别需要打击的数字并自动瞄准进行射击，也是机甲大师在比赛中争夺胜利的一项关键技术。这极大地激发了我们的探索欲望，我们决定深入分析这项技能的实现方法，让我们的机甲大师也能精准识别目标标签并自动进行射击。

大家决定先搭建场地，在前面的学习中，我们知道了机甲大师的水平视角是 96°，视觉标签的有效识别距离是 3m 以内。为了方便测试程序，我们分别在机甲大师右侧和正前方 0.5 ~ 1m 处，放置了 3 个视觉标签和 1 组九宫格视觉标签，场地搭建如图 14-2 所示。游戏时，机甲大师要根据右侧的目标视觉标签，射击正前方九宫格中对应的视觉标签。

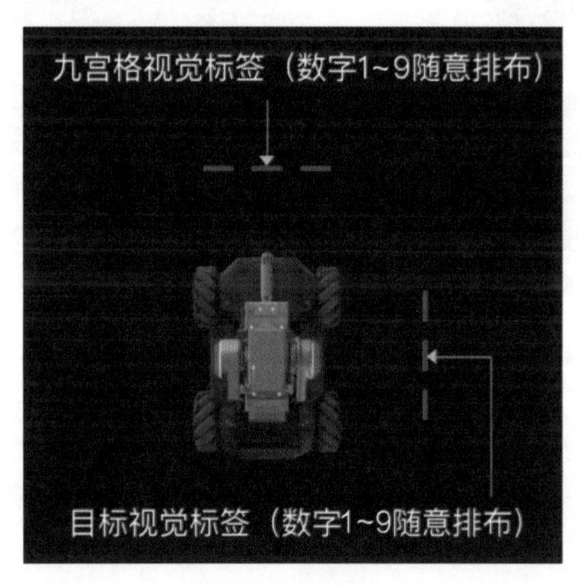

图14-2　场地搭建

做中学练

场地搭建好后，我们开始整理编程思路。我们发现，机甲大师需要先向右旋转 90° 识别右侧的目标视觉标签，再向左旋转 90° 射击前方的九宫格视觉标签，我们按照分析思路拖动相应的编程模块到主程序。我们发现识别和击打的两段程序放在函数体中打包调用比较方便，于是新建了两个函数 Save 和 Shoot，如图 14-3 所示，并在主程序相应的位置进行调用，如图 14-4 所示。

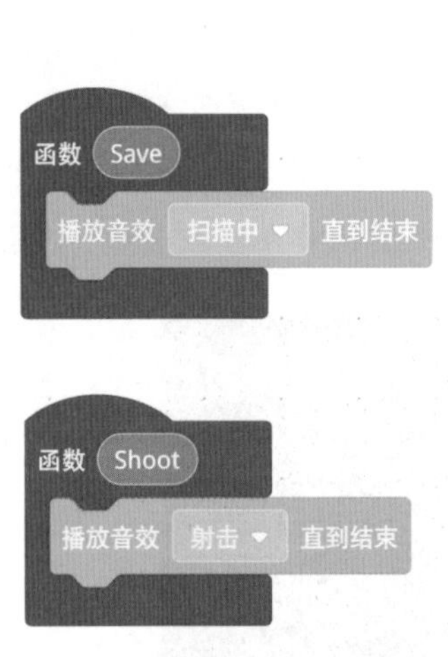

图14-3　函数Save和函数Shoot

图14-4　主程序

一、存储目标标签ID

在前面的学习中，我们知道存储视觉识别标签信息的是列表，当机甲大师识别到一个视觉标签时，我们能获得一个包含 6 个参数的列表数据，参数分别是 N（标签数量）、ID（标签 ID）、X（中心点横坐标）、Y（中心点纵坐标）、W（宽度）和 H（高度），如图 14-5 所示，其中 ID 值是我们去打视觉标签的判断依据。

变量

视觉标签的ID值

MarkerList　长度:6

1	1	2	20
3	0.811	4	0.719
5	0.456	6	0.343

图14-5　包含6个参数的列表数据

我们发现，机甲大师右侧视野中的视觉标签信息需要用一个列表进行存储，而全部的视觉标签信息也需要用一个列表进行存储，用来对照识别右侧视野中出现的视觉标签

ID。因此，我们新建了 MarkerList 和 ShootList 两个列表，分别存储视野中出现的视觉标签信息和全部的视觉标签 ID 信息。

经过分析，我们发现开启视觉标签识别后，视野中的视觉标签信息会不断更新，MarkerList 列表中的数据会随着视野的变化不断更新，MarkerList 仿佛一个盛水的杯子，暂时存储着不断更新的视觉标签信息，ShootList 才是需要保存水样的瓶子，存储我们需要进一步使用的数据，如图 14-6 所示。

图14-6 MarkerList与ShootList

老师告诉我们，像 MarkerList 这样存储暂时数据的列表叫作暂存列表。它有一个数据更新的过程：我们需要把机甲大师右侧有效的视觉标签信息存储到 ShootList 当中，然后利用 MarkerList 中的数据在机甲大师的正前方射击视觉标签，如图 14-7 所示，图中显示了 MarkerList 的更新过程，有效数据已经存在 ShootList 当中。

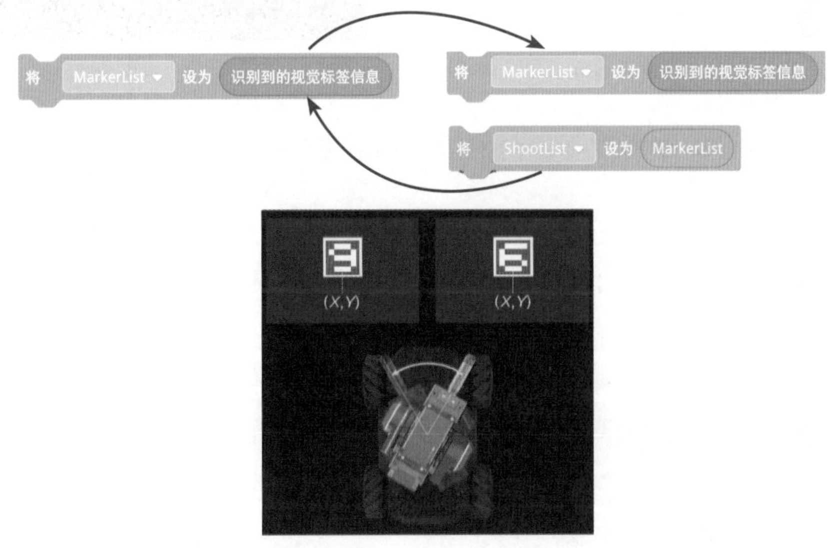

图14-7 MarkerList的更新过程

分析过后，我们准备编写函数 Save，存储目标标签 ID。为了存储所有的目标和视觉标签信息，我们新建变量 StartFlag 和 i，StartFlag 是识别和存储目标 ID 的标志，当 StartFlag 不等于 1 时，程序开始识别和存储目标标签的 ID；当 StartFlag 等于 1 时，循环终止。i 用来遍历 MarkerList 列表中每个视觉标签信息的列表数据，将第 i 项 ID 信息数据存储到 ShootList 当中，如图 14-8 所示，运行程序后，我们发现所有目标视觉标签 ID 信息都已经存到了 ShootList 当中，如图 14-9 所示。

```
函数 Save
  播放音效 扫描中 直到结束
  将 StartFlag 设为 0
  重复直到 StartFlag == 1
    将 MarkerList 设为 识别到的视觉标签信息
    如果 MarkerList 的第 1 项 >= 1 然后
      将 i 设为 2
      重复 MarkerList 的第 1 项
        将 MarkerList 的第 i 项 添加到 ShootList 末尾
        将 i 增加 5
      将 StartFlag 设为 1
  等待 5 秒
```

图14-8　第2项ID信息数据存储到ShootList中

图14-9　程序运行结果

二、使用PID控制器控制云台的瞄准和射击

在前面的学习中，我们知道了 PID 控制器的原理，了解了 PID 控制器参数的调节规律，我们准备编写使用 PID 控制器精准识别目标标签并进行射击的函数 Shoot。

1 根据 ShootList 当中存储的 ID 对比标签在 MarkerList 中的位置。新建 PID 控制器 Yaw 和 Pitch，设置 Kp、Ki、Kd 参数分别为 110、0、10 和 95、0、5。新建变量 Position、ID、x 和 y，分别表示找到的视觉标签在 MarkerList 列表中的位置、找到的视觉标签的 ID、中心点横坐标和纵坐标。

```
函数 Shoot
  设置PID控制器 Yaw 的参数 Kp 110 Ki 0 Kd 10
  设置PID控制器 Pitch 的参数 Kp 95 Ki 0 Kd 5
  重复直到 ShootList 的项目数 == 0
    将 MarkerList 设为 识别到的视觉标签信息
    如果 MarkerList 包含 ShootList 的第 1 项 ? 然后
      将 Position 设为 MarkerList 中第一个 ShootList 的第 1 项 的索引
      将 ID 设为 MarkerList 的第 Position 项
      将 x 设为 MarkerList 的第 Position + 1 项
      将 y 设为 MarkerList 的第 Position + 2 项
```

2 使用 PID 控制器控制云台瞄准和射击。将 PID 控制器中的 Yaw 和 Pitch 的误差值分别设置为 x−0.5 和 0.5−y。控制云台以 PID 控制器的输出转动航向轴和俯仰轴。新建变量 Post，添加判断条件：当 *X* 方向和 *Y* 方向的误差小于 Post 时，表示机甲大师已经瞄准视觉标签，可以进行射击。射击过后，删除列表 ShootList 中射击过的视觉标签。

```
      将 Error_x 设为 x - 0.5
      将 Error_y 设为 0.5 - y
      设置PID控制器 Yaw 的误差为 Error_x
      设置PID控制器 Pitch 的误差为 Error_y
      控制云台以 PID控制器 Yaw 的输出 度/秒绕航向轴旋转 PID控制器 Pitch 的输出 度/秒绕俯仰轴旋转
      将 Post 设为 0.01
      如果 绝对值 Error_x <= Post 与 绝对值 Error_y <= Post 然后
        删除 ShootList 的第 1 项
        播放音效 被击中 直到结束
  控制云台旋转到航向轴 0 度 俯仰轴 0 度
```

运行程序后，机甲大师云台右转，获取需要打击的目标视觉标签信息，然后云台左转，在随意排列的九宫格标签中准确识别出目标标签并进行射击。我们的机甲大师总算有了射击九宫格这项技能了！

拓展反思

一、优化Save函数

有小伙伴多次运行程序后发现，机甲大师右转识别视觉标签时受光照、摆放角度等因素的影响，有时会遗漏识别。我们决定查找资料，解决这个问题。在 App 中，我们发现了一种叫作数据滤波的处理技术。

大师加油站

数据滤波

为了降低“单次识别”的误差率，可以采用数据滤波技术处理数据，即每隔 0.1s 获取一次视野中的目标标签信息，共获取 20 次，采用获取信息量最多的目标标签，提高识别的准确性，如图 14-10 所示。

我们使用数据滤波策略编写程序优化函数 Save，新建 MarkerList_2 列表存放下一次采集的视觉标签信息，将 0 添加到 MarkerList 列表末尾，等待时间设置为 0.1s，如图 14-11 所示。

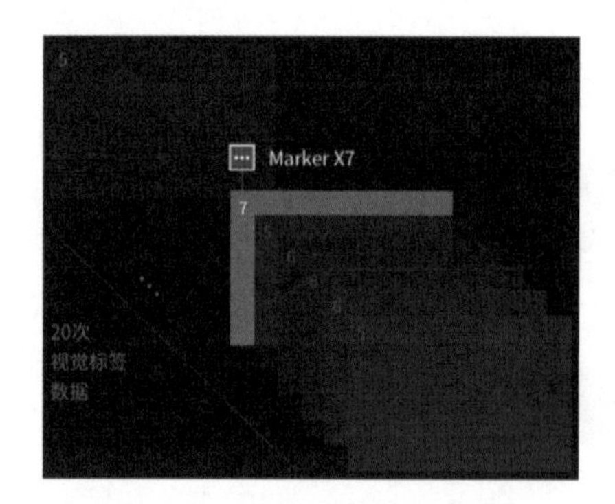

图14-10　获取20次目标标签信息

```
将 0 添加到 MarkerList 末尾
重复直到 StartFlag == 1
  重复 20
    将 MarkerList_2 设为 识别到的视觉标签信息
    如果 MarkerList_2 的第 1 项 >= MarkerList 的第 1 项 然后
      将 MarkerList 设为 MarkerList_2
    等待 0.1 秒
```

图14-11　优化函数Save

二、优化函数Shoot

有小伙伴挡住了九宫格中的一个目标数字，机甲大师失去了射击目标，就无法完成任务。这个问题我们也在 App 资料中找到了答案，解决办法就是考试中经常用到的策略：顺序作答，先跳过没有思路的题目往后做，直到全部做完，再回来完成之前跳过的题目。

依据这个策略，当 MarkerList 无法搜索到 ShootList 中的第一项时，会构建一个新的第一项，如图 14-12 所示，重构列表的过程就像换位排队，最后一名走到第一名的位置，队伍里“元素不变，顺序调整”，在提高搜索效率的同时，还能保证不会遗漏，如图 14-13 所示。

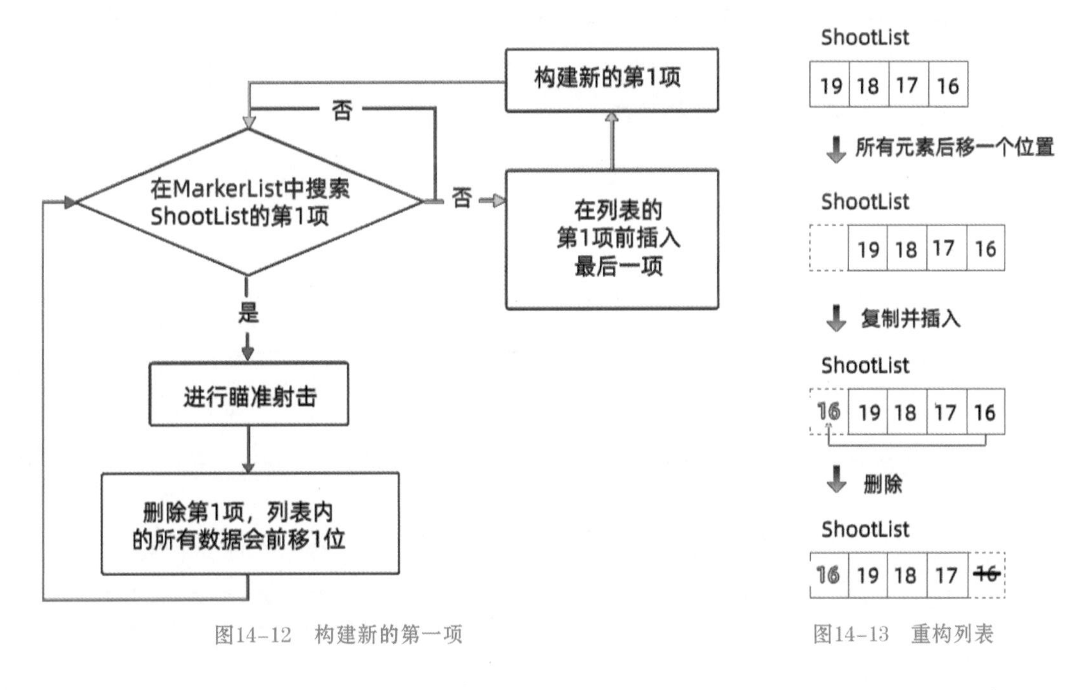

图14-12　构建新的第一项

图14-13　重构列表

依据重构列表的策略，我们对函数 Shoot 进行优化，删除被击中时的音效，替换发射水弹模块。删除“控制云台旋转到航向轴 0 度 俯仰轴 0 度”模块，替换为“控制云台以 0 度/秒绕航向轴旋转 0 度/秒绕俯仰轴旋转”模块，如图 14-14 所示。

```
删除 ShootList 的第 1 项
设置发弹数 1 颗/次
单次发射水弹
控制云台以 0 度/秒绕航向轴旋转 0 度/秒绕俯仰轴旋转
在 ShootList 的第 1 项前插入 ShootList 的第 ShootList 的项目数 项
删除 ShootList 的第 ShootList 的第 ShootList 的项目数 项 项
```

图14-14　对函数Shoot进行优化

我们再次运行程序，发现目标标签识别的准确率有了大幅度提高，当九宫格内有标签被遮挡时，机甲大师也不会停止搜索，并且会在最后射击这个标签。现在，我们的机甲大师才算真正拥有了秒射九宫格技能！

效果评价

我对自己本节课学习的评价是（请按掌握程度给星星涂色，5 颗星表示满分）：

评价内容	评分
1. 我可以说出暂存列表的含义和用途	☆☆☆☆☆
2. 我知道提高机甲大师识别准确率和识别速度的方法	☆☆☆☆☆
3. 我能运用 PID 控制器编写云台精准识别目标标签并进行射击的程序	☆☆☆☆☆

课后挑战

秒射九宫格技能可以在实战中灵活运用，我准备根据自己的情况，完成下面________的挑战。

- 层次一：能使用暂存列表识别右侧视觉标签，并在九宫格内射击对应的视觉标签。
- 层次二：在层次一的基础上，遮挡九宫格中的 1 个标签再进行射击。
- 超级挑战：能在 5s 内快速按顺序射击 1 ～ 9 号视觉标签。
- 终极挑战：在超级挑战的基础上，能偏移射击视觉标签上方的边框。

第 15 课　舞动机甲生
——Python 跑马灯与群体控制

活动目标

1. 知道Python代码编程环境和使用技巧。
2. 能使用Python代码编写变色跑马灯程序。
3. 对比群体控制的多种方法，控制多个机甲大师共同表演芭蕾舞动作。

观察探究

在第 2 课中，我们已经知道色光三原色以及 RGB LED 的变色原理。但课后的终极挑战——找到设置除系统提供的 12 种颜色之外的其他颜色的方法，我始终没有在图像化编程界面中找到答案，如图 15-1 所示。

开始运行
一直
底盘 所有 LED 颜色 灯效 闪烁
云台 所有 LED 颜色 灯效 跑马灯
等待 1 秒
底盘 所有 LED 颜色 灯效 闪烁
云台 所有 LED 颜色 灯效 跑马灯
等待 1 秒

图15-1　图像化编程控制RGB LED的颜色

这一次，我将目光转移到了 FPV 按钮旁的奇怪符号，单击进去，我看见了一个神秘的界面，如图 15-2 所示。

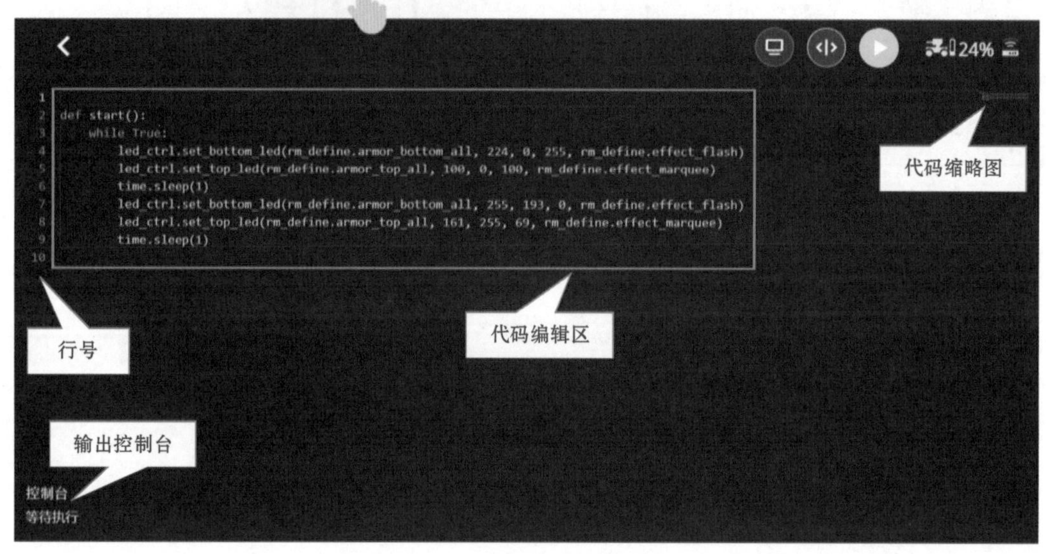

图15-2　Python代码编程界面

通过老师讲解，我们知道了原来这是 Python 代码编程界面，中间的字符内容就是图形化模块转换的代码。眼尖的同学一眼就看见第 4 行命令中的数字：224,0,255。我们在图形化编程中并没有设置这个数值，它们是怎么来的呢？又代表什么意义？通过查找资料，大家得知这个值就是 RGB 值。

RGB值

在编程中，RGB 色彩的“多少”一般是指亮度，并且通常使用整数表示。一般情况下，RGB 色彩各有 256 级亮度，用数字表示为 0、1、2……255。注意，虽然数字值最高是 255，但 0 也是数值之一，因此共 256 级。按照计算，256 级的 RGB 色彩共能组合出约 1678 万种色彩，即 256×256×256=16 777 216。因此 RGB 色彩也被称为 1600 万色、千万色或 24 位色 (2 的 24 次方)。

我们在网上找到了 Python 语言的简介：Python 是一种跨平台的编程语言，是一种高层次的结合了解释性、编译性、互动性和面向对象的脚本语言。Python 语言发明于 1989 年，最初被设计用于编写自动化脚本（Shell），随着版本的不断更新和语言新功能的添加，Python 语言逐渐被用于独立的大型项目开发，并且逐步成为人工智能的首选编程语言。

看到这里，同学们相视一笑，看来第 2 课的终极挑战，我们可以用 Python 搞定了！结果我们发现这个界面下，所有的代码都是不能修改的，如图 15-3 所示。

老师告诉我们当前环境还是图形化（Block）编程界面，转换的 Python 代码处于只读状态，我们必须退出这个界面进入 Python 环境才能编辑代码，如图 15-4 所示。于是我们将之前的代码使用快捷键 Ctrl+C 和 Ctrl+V 复制到 Python 环境下，顺利地修改了 RGB 值。这下才算真正完成了终极挑战任务，看着 DIY 的灯光，大家高兴极了！

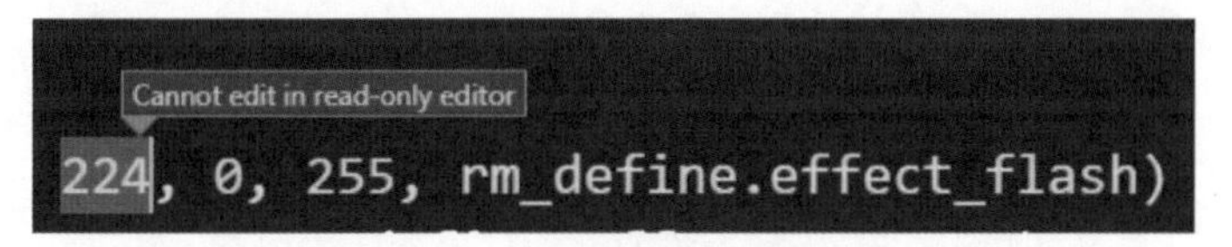

图15-3　代码不能进行修改

Block　Python

图15-4　进入Python环境

做中学练

一、熟悉Python编程基本操作

Python 代码看起来十分复杂，需要一句一句输入，那它与图形化编程相比有什么优势？又有什么使用技巧呢？我们决定用云台 RGB LED 程序进行研究。

在老师的提示下，我们在大疆创新的官网找到了机甲大师 Python 编程对应的应用程序接口（API，Application Programming Interface），如何使用这些预定函数，包括参数的范围，在图形化模块范例下都有说明。例如云台指定 RGB LED 亮灯的模块，对应关系如图 15-5 所示。

Python API:

Function: led_ctrl.set_single_led(armor_enum, led_index, led_effect_enum)

Parameters:

- armor_enum(enum):
  - rm_define.armor_top_all
  - rm_define.armor_top_left
  - rm_define.armor_top_right
- index(int/list): [1, 8]
- led_effect_enum(enum):
  - rm_define.effect_always_on
  - rm_define.effect_always_off

图15-5　图形化模块对应Python编程的应用程序接口

其中led_ctrl.set_single_led是函数名，后面括号内的3个参数分别代表亮灯位置（所有、左侧、右侧）、RGB LED 序号（1 ~ 8）、灯效（亮、灭）。

通过与图形化编程的对比，我们大致学会了 Python 编程的基本语法，云台指定 RGB LED 亮灯的 Python 编程步骤如下。

1. 新建主程序 Start()，输入代码“def start():”。

回车后，我们发现光标是自动缩进的，并且第 2 行的行号会高亮显示，还会出现矩形边框提醒当前输入的位置，如图 15-6 所示。老师告诉我们，Python 采用代码缩进和冒号（:）来区分代码块之间的层次。Python 对代码的缩进要求非常严格，同一个级别代码块的缩进量必须一样，否则会报错。

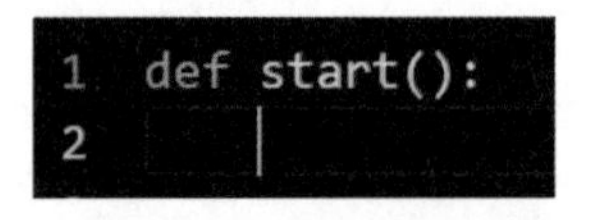

图15-6　自动缩进

2. 添加“一直 × ×”重复模块，其代码为“while True：”，然后单击回车键。

3. 设置云台中所有序号为 1 的 RGB LED 常亮，代码如下。

```
led_ctrl.set_single_led(rm_define.armor_top_all, 1, rm_define.effect_always_on)
```

4. 输入等待 1s 的代码“time.sleep(1)”。

5. 设置云台所有 RGB LED 熄灭，再等待 1s，代码如下。

```
led_ctrl.set_top_led(rm_define.armor_top_all, 255, 0, 0, rm_define.effect_always_off)
time.sleep(1)
```

在输入过程中，我们发现一些命令会自动联想，这太方便了，如图 15-7 所示。并且，将鼠标指针移动到行号后，有些地方还会出现一个符号，单击它可折叠代码，如图 15-8 所示。

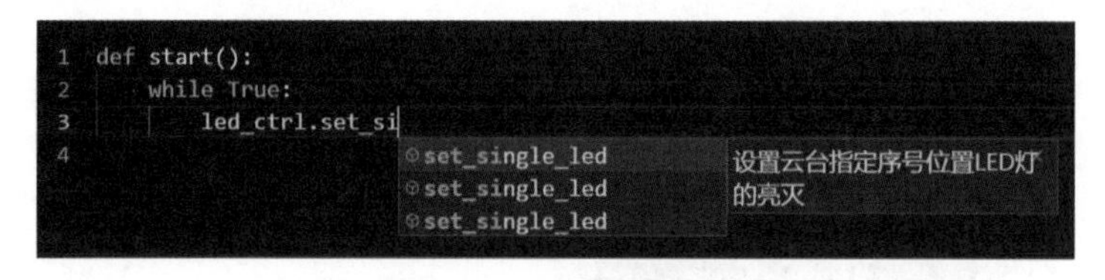

图15-7 自动联想功能

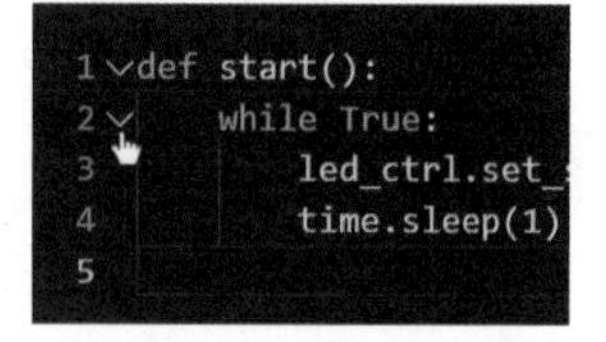

图15-8 折叠代码

我感觉 Python 编程界面没有那么简单，老师告诉我们在 Python 编程界面按下 F1 键后会出现一些帮助文档，如图 15-9 所示。

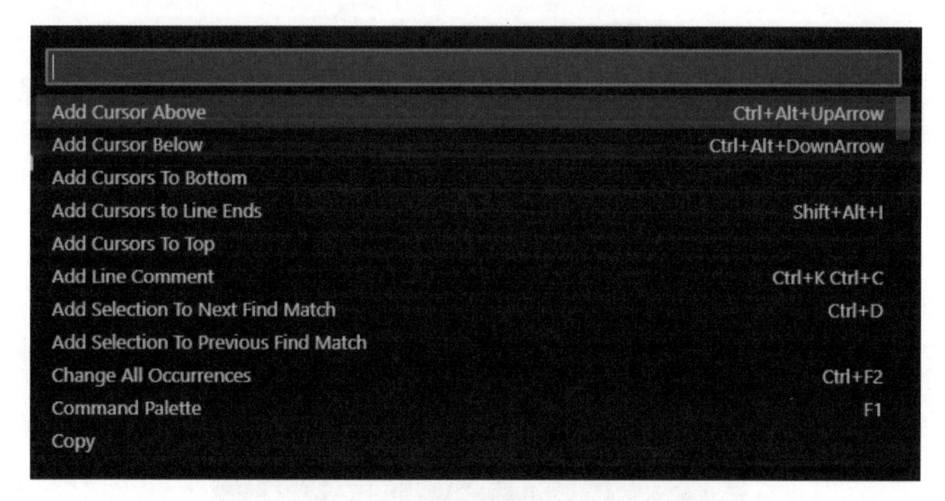

图15-9 帮助文档

这个命令面板中，我最感兴趣的是下面这些内容。

二、编写变色跑马灯

熟悉 Python 编程后，大家打算在图形化编程的基础上，实现一个更加强大的功能：编写一个变色跑马灯程序，步骤如下。

1. 在主程序之后，新建3个变量r、g、b，将其值分别设置为1、0、0，用来重置RGB值，如图 15-10 所示。

```
1  def start():
2      r=1
3      g=0
4      b=0
```

图15-10　新建3个变量r、g、b

2. 新建重复语句，将 r、g、b 进行多变量赋值。如图 15-11 所示，将代码进行缩进，纳入循环体。

```
for i in range(1,5):
r,g,b=b,r,g
```

```
1  def start():
2      r=1
3      g=0
4      b=0
5      while True:
6          for i in range(1,5):
7              r,g,b=b,r,g
```

图15-11　将代码纳入循环体

对比图形化编程中的“重复 10”模块，我们发现其对应的代码是 for count in range(10):，如图 15-12 所示。

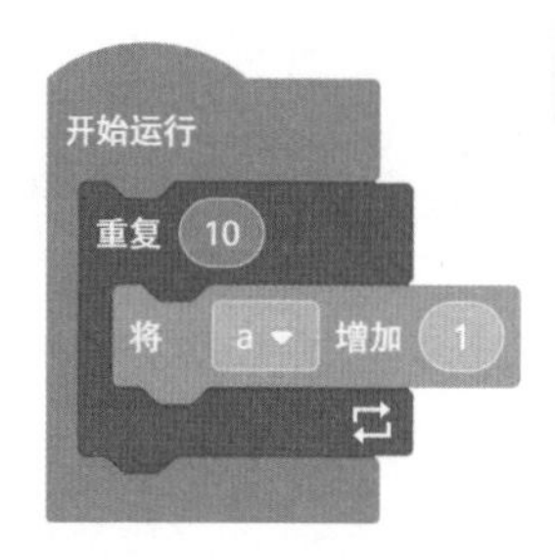


```
1  variable_a = 0
2  def start():
3      global variable_a
4      for count in range(10):
5          variable_a = variable_a + 1
6
```

图15-12　“重复10”模块对应的Python代码

通过查找资料，我们找到了 range 命令的用法。

range(start, stop[, step])
参数说明：
·start：计数从 start 开始，默认从 0 开始。例如：range（5）等价于 range（0，5）。
·stop：计数到 stop 结束，但不包括 stop。例如：range（0，5）是 [0，1，2，3，4]，没有 5。
·step：步长，默认为 1。例如：range（0，5）等价于 range(0，5，1)。

也就是说 for count in range(10): 和 for count in range(0,10): 的效果是一样的，而 range(1,5) 计数是从 1 开始，循环 4 次，这是为了方便点亮云台 RGB LED，因为 RGB LED 的序号也是从 1 开始的。

3. 编写云台 RGB LED 亮灯代码。先将 RGB LED 的 RGB 值设置为 255*r、255*g、255*b，然后点亮序号为 i 和 i+4 的云台 LED，等待 0.1s 后熄灭，如图 15-13 所示。

```
1  def start():
2      r=1
3      g=0
4      b=0
5      while True:
6          for i in range(1,5):
7              r,g,b=b,r,g
8              led_ctrl.set_top_led(rm_define.armor_top_all,255*r,255*g,255*b,rm_define.effect_always_off)
9              led_ctrl.set_single_led(rm_define.armor_top_all,i,rm_define.effect_always_on)
10             led_ctrl.set_single_led(rm_define.armor_top_all,i+4,rm_define.effect_always_on)
11             time.sleep(0.1)
12             led_ctrl.set_top_led(rm_define.armor_top_all,0,0,0,rm_define.effect_always_off)
```

图15-13　云台RGB LED亮灯代码

拓展反思

通过前面的演练，我们逐渐熟悉了 Python 的编程环境，对比图形化编程模块，大家发现很多情况下还是 Python 代码更灵活高效，如图 15-14 所示。

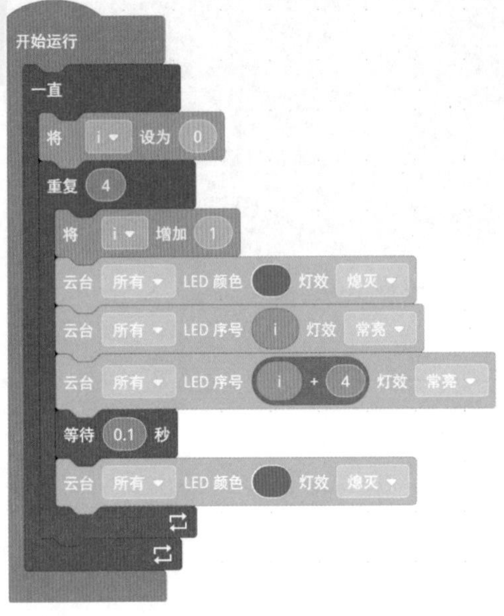

图15-14　云台RGB LED亮灯图像化编程模块

那本课的群体控制问题是否也能用 Python 代码完美解决呢？群体控制俗称编队控制功能，通过对多个机器人进行动作编排，实现整体控制。比如可以使用该功能进行更复杂的动作控制，实现编队舞蹈等。

在使用 Python 前，我们找到的与群体控制相关的 4 种方法是：视觉标签启动、时间启动、声音启动、压云台启动，如图 15-15 所示。这 4 种方法都是在图形化编程环境下的群体控制策略，但它们都存在某些明显缺点，比如视觉标签启动和声音启动受环境光线影响，时间启动存在移动设备对时精度的问题，而压云台启动很难同时控制多台机器。

图15-15　图形化编程环境下的4种群体控制策略

通过老师提示，我们在大疆创新的官网找到了有关多机通信的资料，如图15–16所示，这里主要涉及3个API。

```
multi_comm_ctrl.set_group(send_group, recv_group_list)
multi_comm_ctrl.send_msg(msg, group)
multi_comm_ctrl.recv_msg(timeout)
```

Docs » 3. Python API » 3.2. 多机通信　　Edit on GitHub

3.2. 多机通信

multi_comm_ctrl.set_group(*send_group, recv_group_list*)

描述: 设置机器的组号为 `send_group` ，机器可以接收来自 `recv_group_list` 中注册的组号的消息。如果不使用 `recv_group_list` 参数，默认接收组号 0 的消息

参数:

- **send_group** (*int*) – 当前机器的发送组号，默认组号为 0
- **recv_group_list** (*list/tuple*) – 当前接收消息的组别列表，类型可以为列表或元组

返回: 无

示例: `multi_comm_ctrl.set_group(1, (1,2,3))`

示例说明: 设置当前发送组号为 1，接收组号 1,2,3 的消息，若接收组别包含发送组别，则会接收到自己发送的消息

图15–16　多机通信相关资料

其中，send_group表示当前机器的发送组号，recv_group_list为接收消息的组号列表，msg为需要发送的消息，group为接收消息的组号，timeout为等待时间。

为节省时间，我们直接从RoboMaster App云盘下载了推荐程序“会芭蕾的S1”（见图15–17）进行群体控制，步骤如下。

1. 下载推荐程序“会芭蕾的S1”后，切换到Python界面，将代码复制到Python编程环境下，并将文件名修改为“芭蕾舞1号机”。

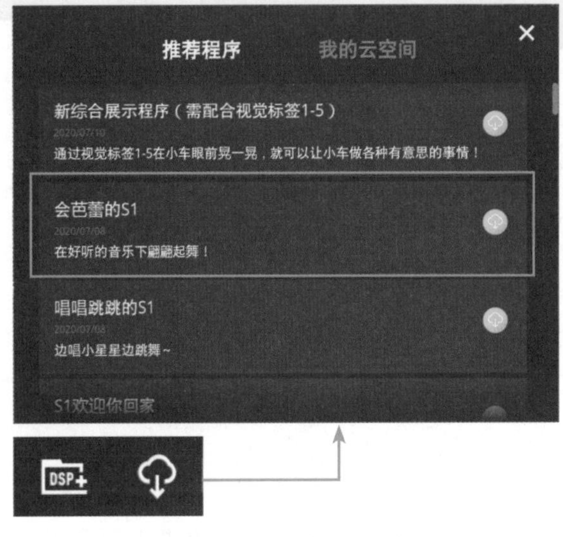

图15-17　下载推荐程序“会芭蕾的S1”

2. 在代码第 2 行后插入多机通信组号设置，新建元组 msg1，并将其赋值为 (1,'Ballet')，让底盘亮黄灯，如图 15-18 所示。

```
1  variable_Speed_rotate_chassis = 0
2  variable_Speed_rotate_gimbal = 0
3
4  multi_comm_ctrl.set_group(1, (1,2,3))
5  led_ctrl.set_bottom_led(rm_define.armor_bottom_all, 255, 255, 0, rm_define.effect_always_on)
6
7  msg1=(1,'Ballet')
```

图15-18　插入多机通信组号设置，新建元组msg1

3. 将“start():”修改为“Action():”，定义芭蕾舞动作为函数 Action。

4. 新建 start() 主程序，等待 3s 后，置空 recv_msg，然后分别对 1、2 号机发送 Ballet 消息，如图 15-19 所示。

```
 9  def start():
10      time.sleep(3)
11      recv_msg = ()
12      multi_comm_ctrl.send_msg('Ballet', 2)
13      multi_comm_ctrl.send_msg('Ballet', 1)
14      while not recv_msg == msg1:
15          recv_msg = multi_comm_ctrl.recv_msg(1)
16          print (recv_msg)
17      Action()
```

图15-19　新建start主程序

5. 单击右上角的音频图标，导入我们录制好的音频，将其作为背景音乐，如图 15–20 所示。

图15–20　添加背景音乐

6. 保存程序，并将程序备份到 RoboMaster App 的云盘上。

7. 在第二台设备上通过云盘下载该程序，并将其重命名为“芭蕾舞 2 号机”。

8. 修改“芭蕾舞 2 号机”程序，将第 4 行修改为 multi_comm_ctrl.set_group(2, (1,2,3))，将第 7 行修改为 msg1=(2,'Ballet')，删除第 10、12、13 行，也可以在这些代码前插入“#”符号，将其注释掉，让它们不参与运行，如图 15–21 所示。

```
4  multi_comm_ctrl.set_group(2, (1,2,3))
5  led_ctrl.set_bottom_led(rm_define.armor_bottom_all, 255, 255, 0, rm_define.effect_always_on)
6
7  msg1=(2,'Ballet')
8
9  def start():
10     #time.sleep(3)
11     recv_msg = ()
12     #multi_comm_ctrl.send_msg('Ballet', 2)
13     #multi_comm_ctrl.send_msg('Ballet', 1)
14     while not recv_msg == msg1:
15         recv_msg = multi_comm_ctrl.recv_msg(1)
16         print (recv_msg)
17     Action()
```

图15–21　修改“芭蕾舞2号机”程序

我们将 2 台机甲大师连接到同一个局域网中，先运行 2 号机的程序，再运行 1 号机的程序，黄灯亮起 3s 后，就可以看见 2 台伴随音乐翩翩起舞的机甲大师啦！ 2 台机甲大师果然同时启动，大家高兴地跳了起来！

效果评价

我对自己本节课学习的评价是（请按掌握程度给星星涂色，5 颗星表示满分）：

1. 我能正确进入 Python 编程环境，了解其基本使用技巧	☆☆☆☆☆
2. 我能通过修改图形化编程模块对应的 Python 代码实现变色跑马灯	☆☆☆☆☆
3. 我能使用 Python API 进行群体控制，完成机甲大师芭蕾舞动作	☆☆☆☆☆

课后挑战

这次课让我体验到了 Python 的强大之处，我还准备完成下面________的挑战。

用 Python 编排一个舞蹈程序。

- 层次一：让云台 RGB LED 显示多种颜色。
- 层次二：云台底盘动作有节奏，同时 RGB LED 显示多种颜色。
- 超级挑战：让多台机甲大师同时跳舞，动作一致。
- 终极挑战：使用 Python 中的 threading 模块进行编曲，并让机甲大师集体跳舞。

第五章　强化改装

本章包括“电力指示器”“威猛机械爪”“智能探照灯”“搬运小叉车”“无限充电桩”5个主题内容，从最简单的加装电压表开始，和同学们一步步改造机甲大师，让同学们在实践活动中掌握电压、电流、继电器、舵机等相关知识，使同学们能够在特定情境中改造机甲大师，解决实际问题。本章具有开放性和跨学科的特点，可以不断启发学生动脑思考、迭代设计，逐步形成适合自己的研究路径和研究成果。

第 16 课 电力指示器

——LED 电量显示改装

活动目标

1. 辨别杜邦线和机甲大师的运动控制器电源接口。
2. 掌握用杜邦线给机甲大师增加LED电量显示模块的方法。

观察探究

每次我们在使用机甲大师前，都需要将机甲大师的智能电池充满电。电池上有 4 个电量指示 LED，如图 16-1 所示。充电时我们可以根据电量指示 LED 知道大概电量，没有充电时可以通过短按电源按钮看到当前电量。电池与电量的关系如图 16-2 所示。

图16-1 机甲大师的智能电池

电池（充电状态）				
LED1	LED2	LED3	LED4	当前电量
●	●	○	○	0%~50%
●	●	●	○	50%~75%
●	●	●	●	75%~100%
○	○	○	○	充满

图16-2　电池与电量的关系

但如果大家想知道精确电量，就只能将机甲大师连上RoboMaster App，感觉很麻烦，是否存在一种外接设备可以直接显示电量呢？我在购物网站上输入关键词“电量显示”进行搜索，果然找到了一大批相关宝贝，如图16-3所示。

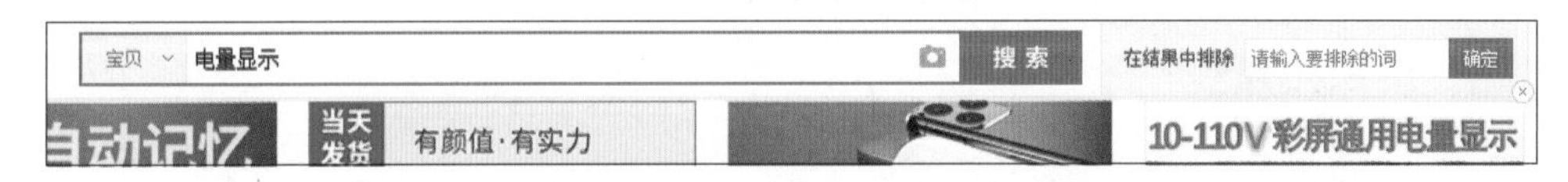

图16-3　在购物网站上输入关键词“电量显示”进行搜索

根据我们的需求和机甲大师的实际情况，在众多产品中，我们选择了一款合适的LED电量显示模块（同学们可以请教老师选择合适的模块）。在购买之前，我们需要确定这个LED电量显示模块是否适配机甲大师。在老师的指导下，我们拆开了智能电池一探究竟，如图16-4和图16-5所示。

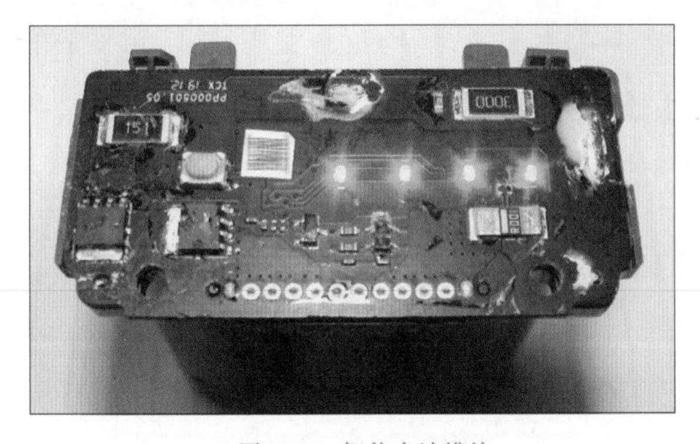

图16-4　智能电池模块

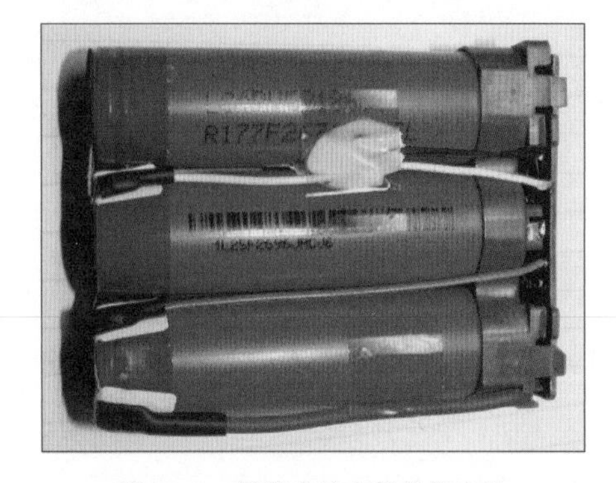

图16-5　智能电池内部的锂电池

看见内部结构，我们恍然大悟，原来机甲大师的智能电池是由3块2400mAh的21865锂电池组成的，型号标识为LGABHE21865。通过观察智能电池标签信息和咨询老师，我们认为这3块锂电池是串联在一起的，每块锂电池的电压应为3.6V，总电压为$3.6\times3=10.8(V)$，如图16-6所示。

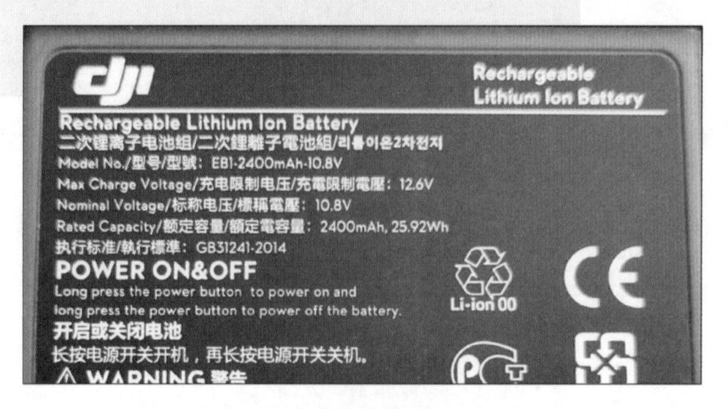

图16-6　智能电池标签信息

做中学练

一、认识杜邦线

根据前面的调查，我们打算选购的 LED 电量显示模块是可以匹配机甲大师的，但老师提醒我们还需要购买一些杜邦线。但什么是杜邦线？

大师加油站

杜邦线

杜邦线是美国杜邦公司生产的有特殊效用的导线，英文名为 Jumper Wire。杜邦线可用于实验板的引脚扩展、电路连接等，它的插座可以非常牢靠地与插针连接，无须焊接，使用者可以用它快速进行电路实验。

杜邦线一般分公对公、母对母、公对母 3 种类型。

我们在网站上搜索杜邦线，出现了一大堆产品，小伙伴们决定 3 种类型 21cm 长的杜邦线各买一些，说不定后面会用得上，如图 16-7 所示。

图16-7　3种类型的杜邦线

二、安装LED电量显示模块

准备好工具后，我们应该把 LED 电量显示模块安装在机甲大师的什么位置呢？经过小伙伴们的观察，大家把目光集中在了机甲大师尾部的透明盖板上，这里有运动控制器。运动控制器是控制机甲大师底盘运动的核心模块，它提供了丰富的外部模块接口，用来连接云台、装甲、电池和电机，同时内部集成了运动控制算法、电源管理系统、电机管理系统及底盘状态管理系统等智能程序，实现了机甲大师敏捷的全向移动控制和复杂的数据交互。

大家发现这里已经插满了黑、黄两色连接线，好像无从下手。除了 micro USB 接口外，有一个红色的有 4 根插针的接口引起了我的注意，如图 16-8 所示。这个接口下面标有 M0，同学们猜测运动控制器的接口就是它！

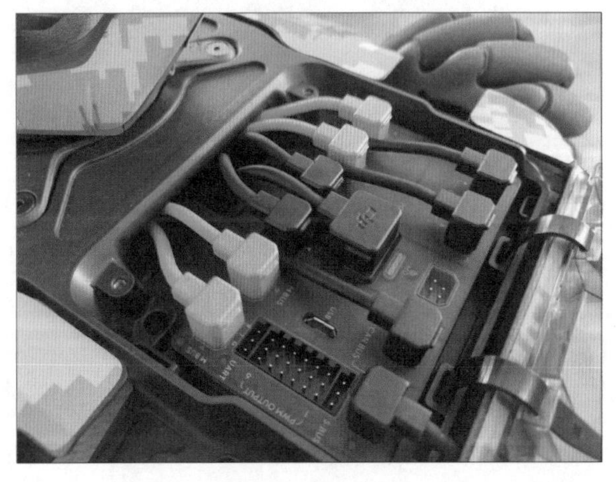

图16-8　模块接口

1. 引出运动控制器 M0 接口的正负极

根据猜测，我们先用 1 根母对母杜邦线引出运动控制器 M0 接口的正负极。因为没有找到具体的针脚说明，我们就从最长的 2 根针脚引出，如图 16-9 所示。

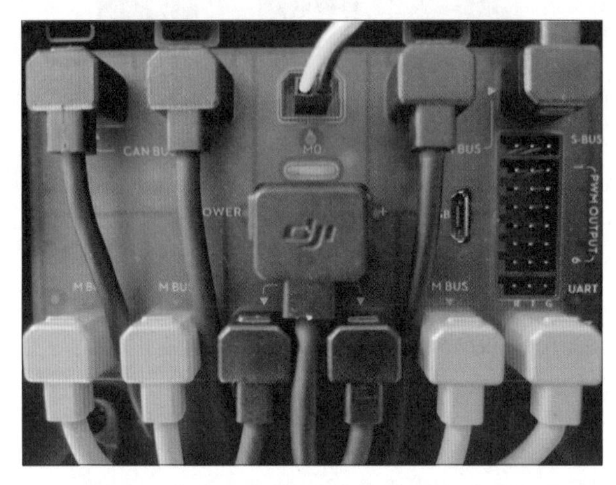

图16-9 引出运动控制器M0接口的正负极

2. 连接导线

将 30cm 长的导线与母对母杜邦线连接，注意正负极，如图 16-10 所示。

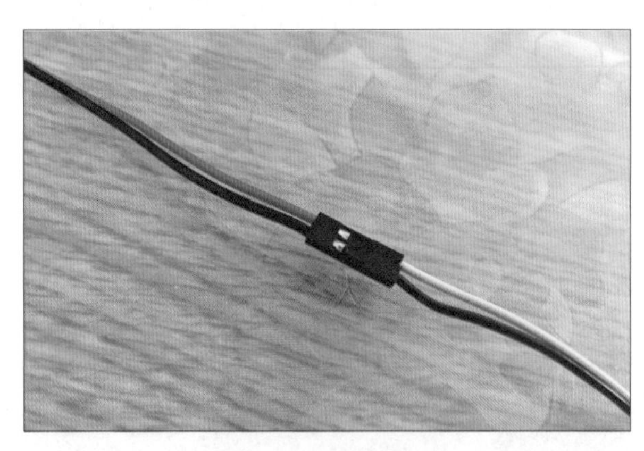

图16-10 连接导线

3. 连接 LED 电量显示模块

先拆除 LED 电量显示模块的外壳，减小厚度，方便后续将其放入运动控制器盖板内。然后将导线插头插入 LED 电量显示模块背面的插口，如图 16-11 和图 16-12 所示。

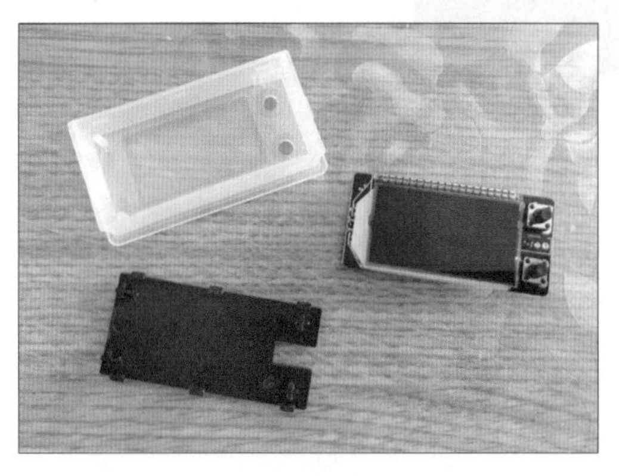

图16-11　拆除LED电量显示模块的外壳

图16-12　连接LED电量显示模块

4. 调节 LED 电量显示模块的参数

打开机甲大师电源，我们先观察 LED 是否被点亮，如果没有被点亮，就交换针脚的杜邦线。点亮 LED 后，根据 LED 电量显示模块说明书，调整电池测量模式为 L3 模式（L3 模式指 3 块锂电池串联，L 代表锂电池，后面的数字为串联数量），如图 16-13 所示。

图16-13　L3模式下的LED电量显示模块

5. 整理杜邦线，合上盖板

最后，根据杜 邦线的长度在运动控制器凹槽内整理好杜邦线，合上透明盖板测试高度，然后用小刀切除多余的按钮塑料即可，如图 16-14 和图 16-15 所示。

图16-14　整理好杜邦线

图16-15　合上透明盖板

拓展反思

至此，我们的第一个机甲大师硬件外挂就诞生了！在安装过程中没有使用任何焊接工具，杜邦线帮了我们大忙。

当然，在查找电源接线处和合上透明盖板的时候，有的小伙伴们遇到了困难，同学们打算就此交流一下经验，我也写下了自己的感想。

效果评价

我对自己本节课学习的评价是（请按掌握程度给星星涂色，5 颗星表示满分）：

1. 我能找到机甲大师运动控制器电源的正确接口	☆☆☆☆☆
2. 我会使用杜邦线连接 LED 电量显示模块	☆☆☆☆☆
3. 我可以和小伙伴们交流安装硬件的小技巧	☆☆☆☆☆

课后挑战

这次课让我体验到了机器人 DIY 的乐趣，我还准备完成下面________的挑战。

给机甲大师加装一个外挂设备。

- 层次一：加装单色透明型电量显示器。
- 层次二：加装彩屏多功能电量显示器。
- 超级挑战：加装电量不足报警器。
- 终极挑战：加装同规格的外挂电池，延长机甲大师的续航时间。

第 17 课　威猛机械爪
——舵机和 PWM 接口控制

活动目标

1. 认识舵机，解释舵机的用途和工作原理。
2. 能举例说明PWM的含义和用途。
3. 为机甲大师加装机械爪并控制其取物。

观察探究

各种机械爪在各个领域大显身手，加工、搬运、包装、拆卸、调酒、弹钢琴、做手术，无所不能，给我们留下了深刻的印象，如图 17-1 所示。如果机甲大师也有机械爪，就可以帮我们抓取物品，成为我们生活中的小助手了！

图17-1　生活中的机械爪

有没有适配机甲大师的机械爪呢？打开购物网站，输入关键词“机械爪”进行搜索，我们找到了一些可以加装在机甲大师上的机械爪，如表 17-1 所示。

表 17-1　可以加装在机甲大师上的机械爪

产品名称	产品材料	产品重量	最大张开口	产品特点
合金机械爪	铝合金	128g（含舵机）	55mm	灵活轻巧，可夹取相对较小的物体
金属大爪子	铝合金	212g（含舵机）	170mm	内部采用波浪形设计，夹取更稳固
平行机械爪	ABS 塑料	113g（含舵机）	55mm	采用工程塑料材料，很轻巧，夹取面积大
DIY 机械爪	亚克力 + 铜柱	175g（含舵机）	100mm	用于球体、物块等不同的夹取场景

这些机械爪制造材料不同，各有特点，大家一时不知道怎么选择。细心的小伙伴发现，这些机械爪都没有预留与机甲大师相匹配的安装孔位，想把它们安装在机甲大师上有些麻烦，只能用扎带固定，这既不美观也不牢固。

接着我们在闲鱼 App 上搜索“机甲大师机械爪”，找到了一个与机甲大师相匹配的机械爪，如图 17-2 所示。这个机械爪上有 2 个螺丝孔位，与机甲大师前桥部位上的 2 个螺丝孔位正好适配。

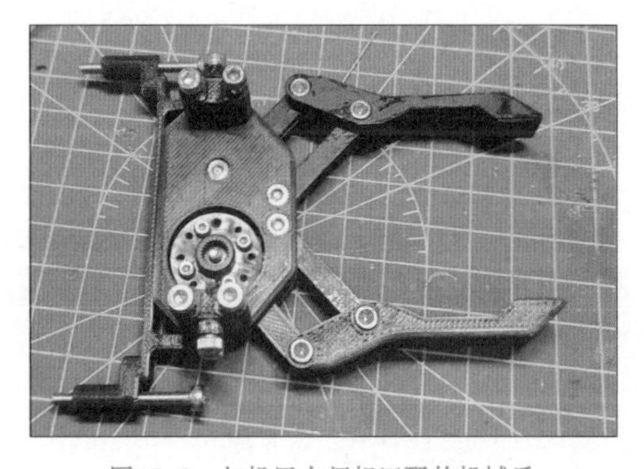

图17-2　与机甲大师相匹配的机械爪

在购买时，我们发现机械爪要配舵机一起使用。舵机是什么？为什么它可以控制机械爪的开合？带着这个疑问，我们分头查找资料。

舵机

舵机（Servo），是由外壳、电路板、驱动电机、减速器与位置检测器件等构成的一种位置（角度）伺服驱动器，它适用于那些角度需要不断变化并需要保持一定角度的控制系统。舵机在遥控模型（如飞机模型、潜艇模型）、遥控机器人中已经得到了普遍应用。舵机的工作原理是控制信号通过电路板上的 IC 驱动电机转动，电机带动减速齿轮将动力传至舵盘，同时由位置检测器件传回信号，判断舵机是否已经旋转到指定位置（角度）。舵机的控制信号是一个脉冲宽度调制（PWM）信号，在控制舵机时，需要不断地发送 PWM 信号才能使舵机在某个角度产生扭矩。

原来舵机是通过_______信号驱动电机转动，产生________，控制机械爪________的。

PWM 是什么？PWM 的全称是 Pulse Width Modulation，译为脉冲宽度调制，它的功能是利用微处理器使数字信号达到模拟信号的效果，它的波形是一种周期固定、宽度可调的方波，如图 17-3 所示。

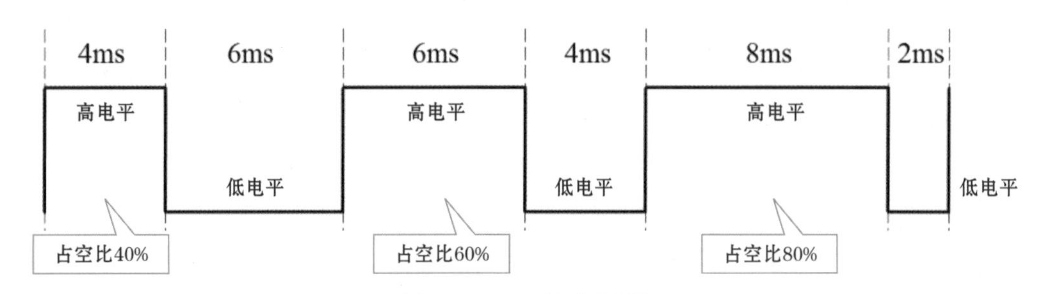

图17-3　PWM波形示意图

什么是数字信号？什么是模拟信号？这跟舵机产生扭矩，控制机械爪开合有什么关系？我们决定向老师寻求帮助。

数字电路只有 0 和 1 两种状态，0 表示低电平，1 表示高电平。以 LED 为例，1 表示 LED 点亮，0 表示 LED 熄灭。如果想让 LED 在最亮和熄灭之间产生亮度变化，就要改变一个周期内高低电平维持的时间长短，即占空比，让数字信号呈现出模拟信号的感觉。

机械爪的开合和小灯的亮灭是对应的，我们终于理解了 PWM 的神奇之处。我们赶紧购买了机械爪和舵机组合套件，即买即用！

做中学练

收到套件后，伙伴们立马开始改装，为机甲大师加装机械爪，步骤如下。

1. 升级固件。为了保证机械爪正常工作，大家将 RoboMaster App 升级到最新版本，并根据软件内的提示，将机甲大师固件升级到了最新版本，如图 17–4 所示。

图17–4　升级固件

2. 安装机械爪。拆除机甲大师的前装甲板，将机械爪的舵机线塞到底盘下方，合上前装甲板，利用拆除下来的两颗螺丝，将机械爪固定在机甲大师的前桥部位，如图 17–5 和图 17–6 所示。

图17–5　拆除下来的两颗螺丝

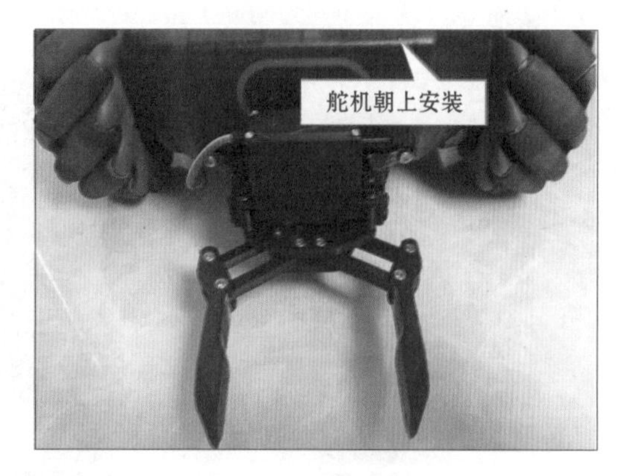

图17–6　固定机械爪

3. 将舵机线与 PWM 接口相接。在前面的学习中，我们曾打开过机甲大师的运动控制器，发现上面有______个 PWM 接口，但舵机线怎么接到 PWM 接口上呢？这让我们犯了难。

在老师的帮助下，我们找到了机甲大师运动控制器的接口说明，如图 17–7 所示。

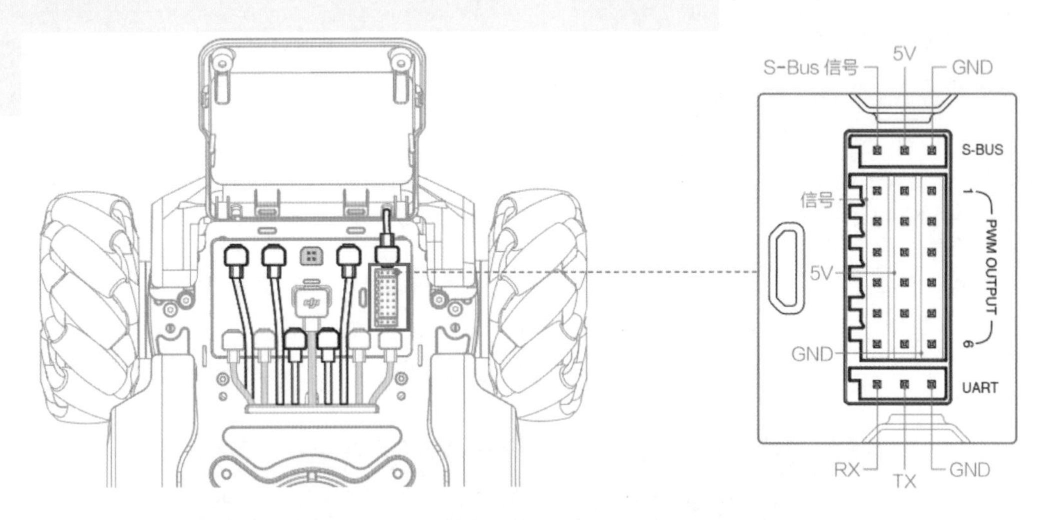

图17-7　机甲大师运动控制器的接口说明

根据接口说明，我们发现 PWM 接口从左到右分别对应着信号线、5V 电源线、GND 线。我们又仔细观察了舵机线，发现舵机线是由 3 根不同颜色的线组成的，我们在网上找到了舵机线接口说明图，知道 3 根不同颜色的线对应的引脚情况，如图 17-8 所示。

遵循信号端对信号端、正极对正极、负极接地的连接说明，我们很快将舵机线连到了 PWM 的 1 号接口上，如图 17-9 所示。

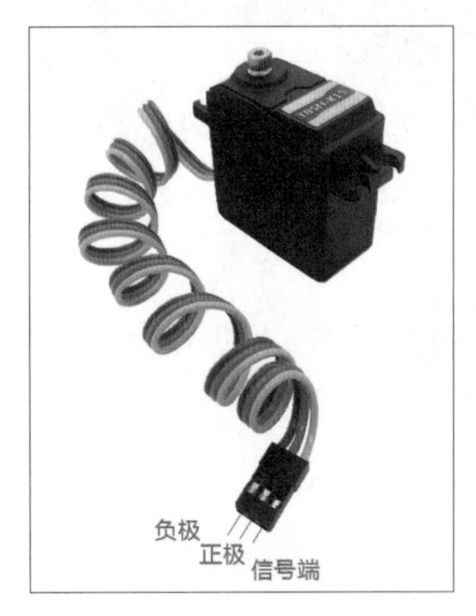

图17-8　舵机线接口说明

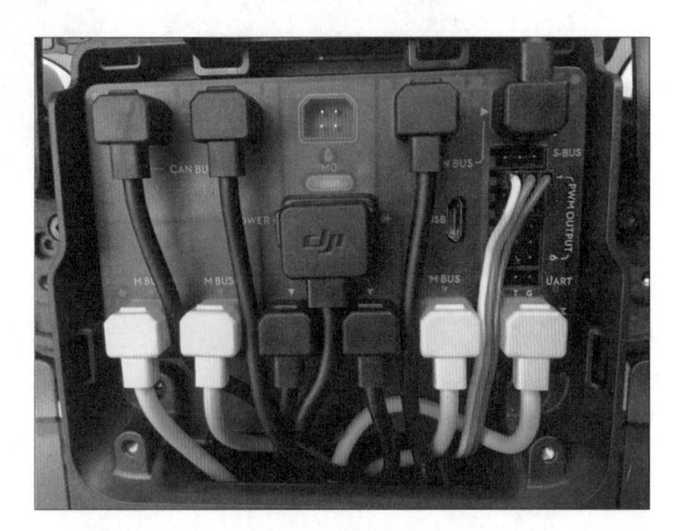

图17-9　连接舵机

在我们将舵机线从底盘下方往运动控制器方向牵引的时候，发现自己的舵机线不够长，通过询问卖家和老师，我们找到了办法，那就是加____________，如图 17-10 所示。

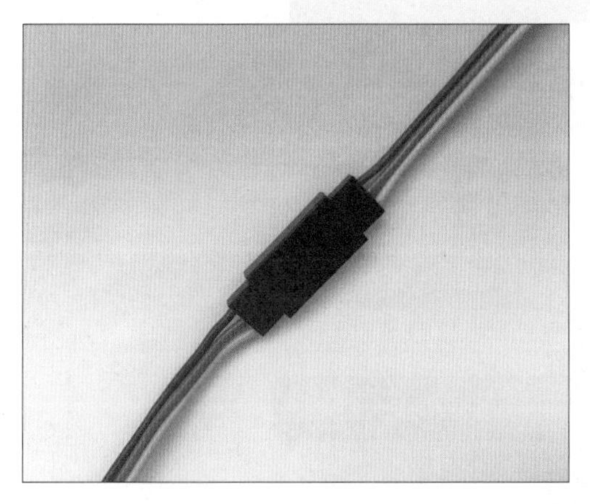

图17-10 舵机延长线

经过一番周折，我们终于为机甲大师加装了机械爪，如图 17-11 所示。

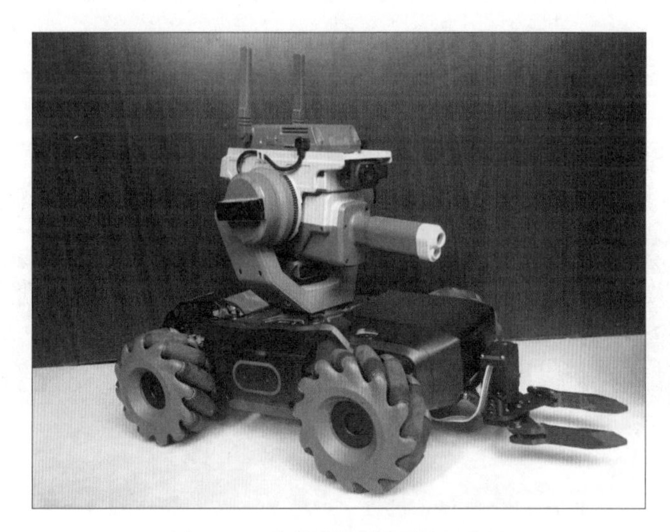

图11-11 加装了机械爪的机甲大师

我们已经迫不及待地想要控制机甲大师帮我们抓取物品了，该如何控制呢？

拓展反思

我们打开图形化编程界面，找到控制 PWM 接口输出功率的模块。然后编程调整 PWM 功率，测试机械爪的开合取物情况。由于机械爪的运动需要时间，我们还加入了“等待 ×× 秒”模块，让机械爪有时间完成运动，如图 17-12 所示。

图17-12　调整PWM功率

在测试时，有同学发现，软件云空间里有内置的 Python 控制机械爪程序，如图 17-13 所示。

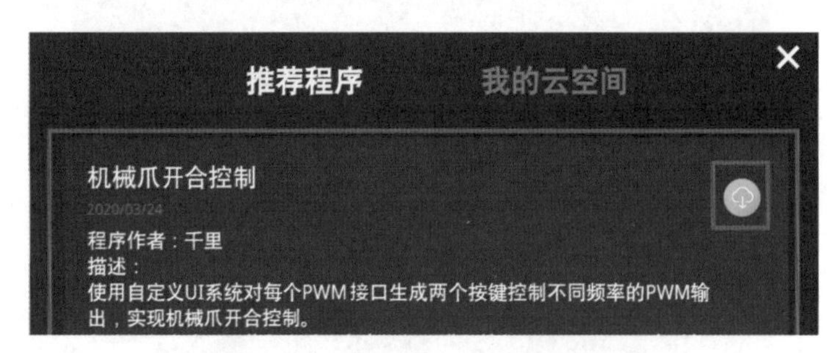

图17-13　内置的Python控制机械爪程序

下载内置的机械爪程序，进入 FPV 模式，我们发现界面中出现了 12 个 PWM 功率按钮，我们可以通过相应 PWM 接口的按钮控制机械爪的开合，这里我们连接的是第 6 个接口，所以使用第 6 个接口对应的 PWM 功率按钮，如图 17-14 所示。

PWM12.5	PWM12.5	PWM12.5	PWM12.5	PWM12.5	PWM12.5
PWM1	PWM2	PWM3	PWM4	PWM5	PWM6
PWM7.5	PWM7.5	PWM7.5	PWM7.5	PWM7.5	PWM7.5

图17-14　12个PWM功率按钮

我们终于可以控制机械爪正常开合了，大家决定以小组为单位，举行一场接力竞速赛，运送可乐瓶，率先到达 10m 外终点的队伍即为获胜，我们小组获得了第____名！

我们此次加装的机械爪只有一个自由度，只能进行开合，不能做旋转、回转、摆动等动作，我们决定在课后继续寻找有更多自由度的机械爪，并继续探索机械爪的玩法，让机甲大师更好地成为我们生活中的小助手。

效果评价

我对自己本节课学习的评价是（请按掌握程度给星星涂色，5 颗星表示满分）：

1. 我知道舵机的用途和工作原理	☆ ☆ ☆ ☆ ☆
2. 我知道 PWM 的含义和用途	☆ ☆ ☆ ☆ ☆
3. 我能为机甲大师加装机械爪并控制它夹取可乐瓶	☆ ☆ ☆ ☆ ☆

课后挑战

这次我亲自动手为心爱的机甲大师加装了机械爪，我准备继续寻找有更多自由度的机械爪，并编写程序，完成下面________的任务。

● 层次一：安装铝合金小型机械爪，手动操控机甲大师夹取、运送易拉罐。

● 层次二：安装 DIY 机械爪，编写自动运送可乐瓶的程序。

● 超级挑战：在巡线过程中，用机械爪将可乐瓶运送到指定位置。

● 终极挑战：拆除云台，将多个舵机组合为机械臂，编程控制机甲大师巡线往返，并将多个可乐瓶从起点处的容器内夹出，放到终点，同时将可乐瓶摆放成像保龄球瓶一样的正三角形。

第 18 课　智能探照灯
——继电器与模型射灯改装

活动目标

1. 能叙述继电器的作用，并掌握其配合PWM信号进行控制的使用技巧。
2. 能用继电器给机甲大师增加夜间智能探照灯。

观察探究

在第 1 课中，我们了解到早在 2018 年，机甲大师工程机就进行了试产，但当时的样子和现在销售的成品有明显区别，如图 18-1 所示。大家能够清晰地看见工程机的发射器枪管更细一些，并且正前方装甲板安装有保险杠和 2 个探照灯。

图18-1　机甲大师工程机

看到这里，小伙伴们不禁感叹，要是我们的机甲大师也有探照灯就好啦！考虑到机甲大师竞赛的激烈对抗性，我们决定不使用 3D 打印材料制作保险杠，而是直接购买市面上的铝合金成品，如图 18-2 所示。

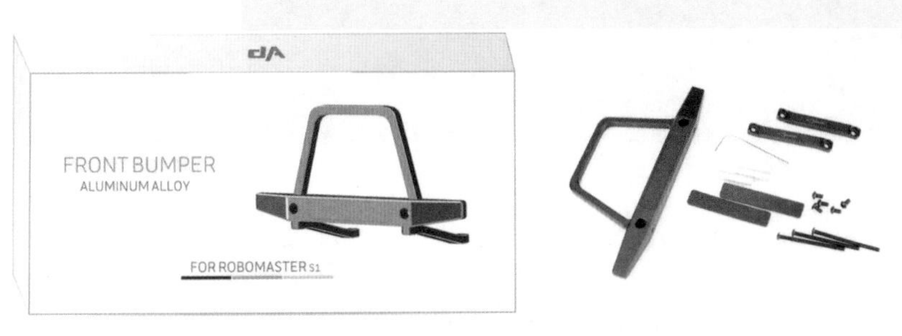

图18-2　铝合金成品

我们在网上搜索到了一款遥控模型车灯作探照灯，这款车灯选用 3W 大功率 LED，集成了稳压模块，供电范围为 5 ～ 12V，可以插接收机，通过锂电池供电，正好符合机甲大师的规格，如图 18-3 所示。

图18-3　遥控模型车灯

做中学练

准备好材料，我们就可以开始安装了，步骤如下。

一、安装前置保险杠

1 首先，根据保险杠安装示意图，将其安装在机甲大师前装甲板位置，方便后续探照灯的安装。

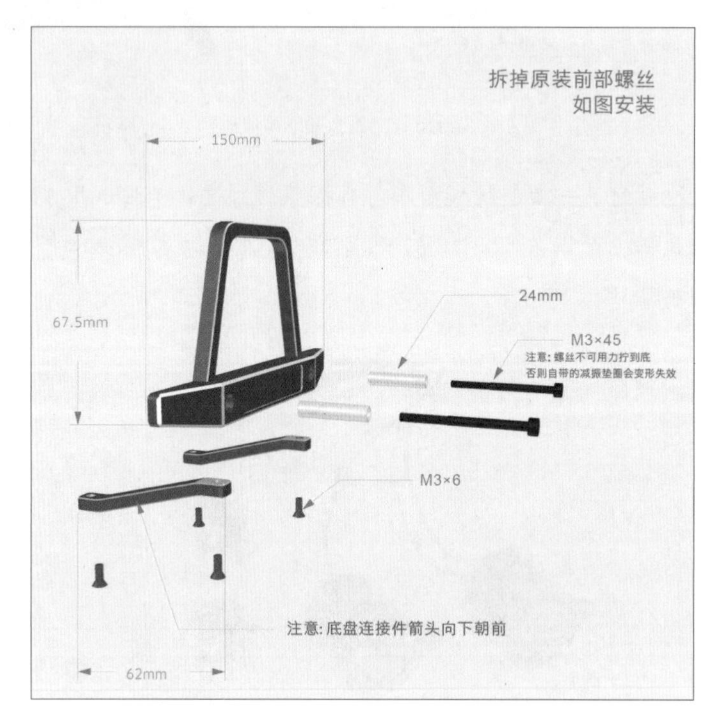

2 拆除机甲大师前装甲板的 2 颗 M3-A 螺丝。

3 安装底部支架，注意白色箭头面朝下，箭头所指方向朝前。

4 安装前端护栏，将套筒插入机甲大师前装甲板上的孔位中，固定位置，拧入 M3 长螺丝。

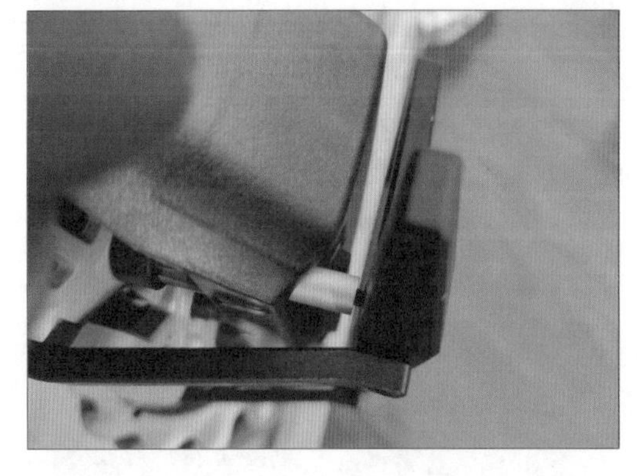

5 将底部支架和前端护栏组合，用 M3 短螺丝拧紧。

二、安装探照灯

根据前面的课程，我们知道了 PWM 信号可以控制机械爪的开合，那它可以控制 LED 的亮灭吗？我们先来安装探照灯，然后再进行测试。

1 在前保险杠上安装探照灯。为了还原机甲大师工程机的样子，我们在前保险杠两端固定好 R 扣，然后使用 2 个垫片和螺丝固定好探照灯。

2 将探照灯电源线穿过前桥。穿线时需要拆卸保险杠的底部支架，穿好线后再安装好。

3 引出运动控制器 PWM 接口的正负极。根据之前的学习，我们知道运动控制器 PWM 接口有 6 个，每个接口有 3 根插针。我们用一根延长线对准相应插针插好。

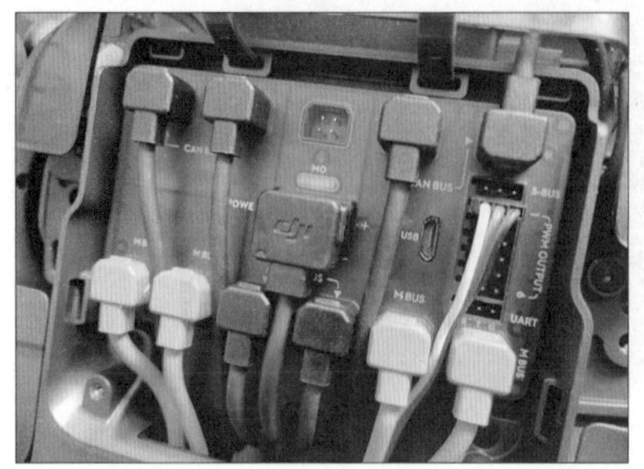

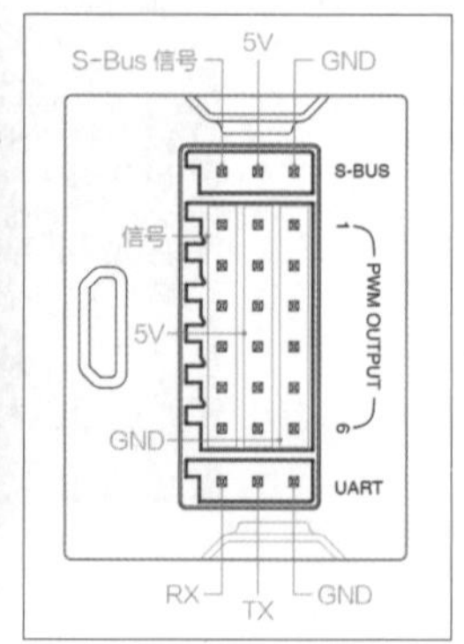

4 连接探照灯插头和延长线，连接时注意对准线的方向。

拓展反思

安装完成，小伙伴们迫不及待地想看看效果，我们打开机甲大师的电源，一辆带探照灯的机甲大师就出炉了！如图 18-4 所示。

图18-4　带探照灯的机甲大师

但是大家马上发现了一个问题——我们不能控制探照灯的亮灭。打开机甲大师电源，探照灯自己就亮了，白天不需要探照灯的时候也无法熄灭。有什么方法可以控制探照灯开关呢？我们用上节课控制机械爪的程序进行测试，发现并不奏效。同学们猜测，可能是因为 PWM 信号无法控制大电流设备，我们需要一个设备来解决这个问题。

这时候老师提供了一个解决我们燃眉之急的东西，它就是继电器。

大师加油站

继电器

继电器是一种当输入量（激励量）的变化达到规定要求时，在电气输出电路中使被控量发生预定阶跃变化的一种电控制器件，它具有控制系统（又称输入回路）和被控制系统（又称输出回路）之间的互动关系。继电器通常应用于自动化控制电路中，实际上是用小电流去控制大电流设备运作的一种“自动开关”，在电路中起着自动调节、安全保护、转换电路等作用。

通过查找资料，我们发现 1 路输入与输出的继电器通常有 4 个端口，分别是：常开（NO）、常闭（NC）、空脚（N/A）和公共端（COM），如图 18-5 所示。大家立刻购买了一个 10A 大电流继电器模块，决定对上面的安装进行小修改，步骤如下。

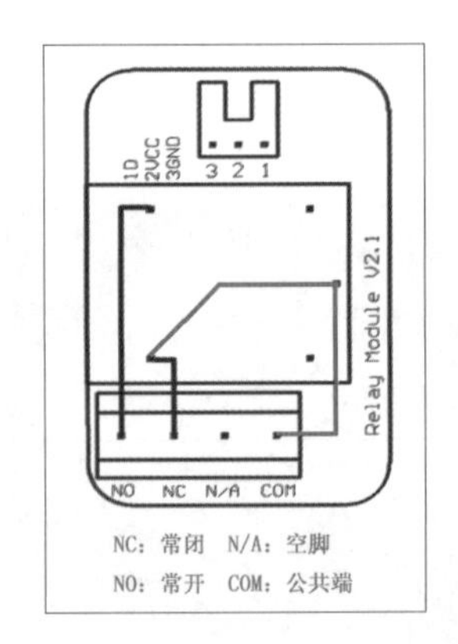

图18-5　1路输入与输出继电器的4个端口

1. 拆除探照灯延长线，插上继电器 3Pin 数据线，并使用一根公对母杜邦线从 M0 端口引出 12V 电源正负极。

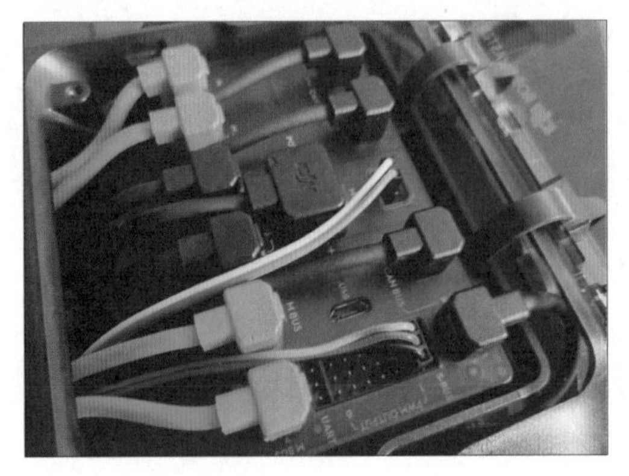

2 连接继电器。将 3Pin 数据线公头插入继电器 3Pin 母头插口，然后把 12V 电源正极插入 COM 端，再拿一根公对公杜邦线，一头插入 NO 端，拧紧螺丝，另一头连接探照灯正极，电源负极连接探照灯负极口。

3 将线序整理好，放入底盘内，盖上仓盖，拧上螺丝。

4 至此，改进版探照灯就安装完毕了，最后我们在图形化编程界面编写了智能探照灯程序。

效果评价

我对自己本节课学习的评价是（请按掌握程度给星星涂色，5 颗星表示满分）：

1. 我能给机甲大师加装 LED 探照灯	☆☆☆☆☆
2. 我知道了继电器的作用和各个端口的接法	☆☆☆☆☆
3. 我可以用继电器给机甲大师增加夜间智能探照灯	☆☆☆☆☆

课后挑战

我再一次体验到了 DIY 的喜悦！继电器的作用真大！我还准备完成下面________的挑战。

给机甲大师加装一个外挂设备。

- 层次一：加装小电流 LED，直接用 PWM 信号进行控制。
- 层次二：加装大电流探照灯，配合继电器进行控制。
- 超级挑战：加装激光瞄准器，进行校准辅助射击。
- 终极挑战：加装云台灯和倒车灯，模拟倒车时的警示效果。

第 19 课　搬运小叉车
——3D 打印结合与视觉标签控制

活动目标

1. 学会给机甲大师安装3D打印的叉车部件。
2. 能够用视觉标签控制改装后的机甲大师。

观察探究

新闻里汽车工厂的无人叉车在仓库里运送零件、转移物资的场景给我们留下了深刻的印象，如图 19-1 所示。我们想将机甲大师改装成一台小叉车，实现物品的运送。在前面的学习中，我们已经利用各种硬件外挂对机甲大师进行了改装。想要将机甲大师改装成叉车需要更多的部件，如何获得尺寸合适的叉车部件呢？经过一番讨论和思考，大家把目光放到了 3D 打印上。

图19-1　无人叉车

大师加油站

3D打印

3D 打印叉车部件是个好办法，但这对我们来说有很大难度，有没有更简便的办法获取叉车部件呢？在大疆教育微信公众号上，我们看到了这样一篇相关文章，如图 19-2 所示，在与原作者联系后，我们购买了 3D 打印的叉车套件，如图 19-3 所示。

S1 改装教程 | 我做出了全世界最可爱的黄色小叉车！

1位朋友读过

图19-2　相关文章

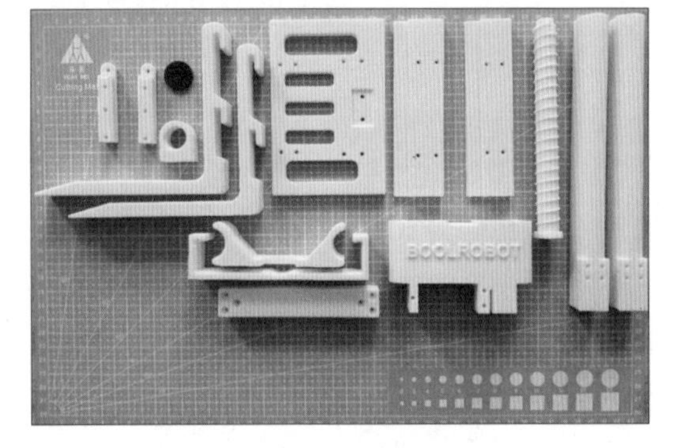

图19-3　3D打印的叉车套件

我们知道安装配件后需要使用PWM接口控制舵机来控制配件，所以我们准备了舵机。为了安装叉车套件，大家准备了内六角螺丝刀、十字螺丝刀和一些不同规格的 M3 螺丝，准备材料如图 19-4 所示。

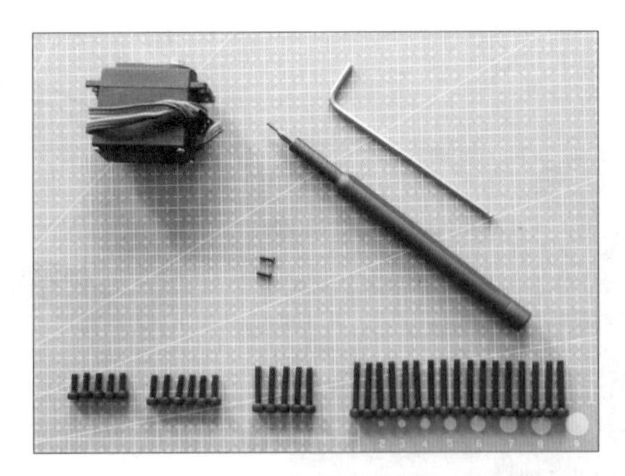

图19-4　准备材料

材料准备好后，大家将 RoboMaster App 升级到最新版本，并根据 App 内的提示，将机器人固件也升级到最新版本，如图 19-5 所示。准备工作做好后，我们开始进行改装。

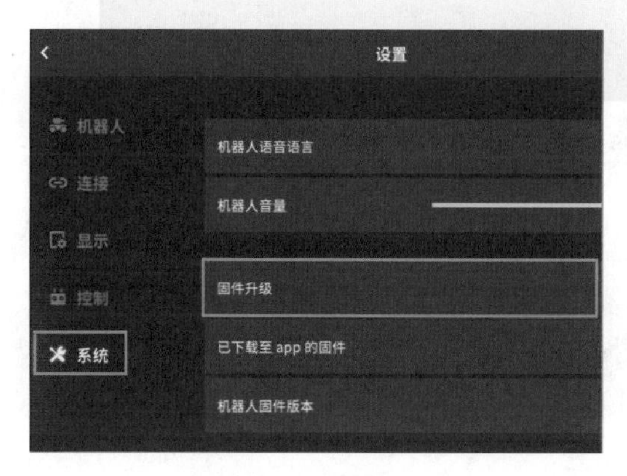

图19-5　固件升级

做中学练

一、组装3D打印叉车套件

叉车套件配有安装说明书，按照说明书组装叉车套件。

1. 安装舵机。我们在套件里发现了预留出舵机位置的叉车部件，如图 19-6 所示，我们用 3 颗长 10mm 的 M3 螺丝在上面安装舵机，如图 19-7 所示。

图19-6　预留出舵机位置的叉车部件

图19-7　安装舵机

2. 用 2 颗 M3×30mm 螺丝、6 颗 M3×12mm 螺丝、4 颗 M3×20mm 螺丝、4 颗 M3×25mm 螺丝固定车桥部分支架，如图 19-8 ~ 图 19-10 所示。

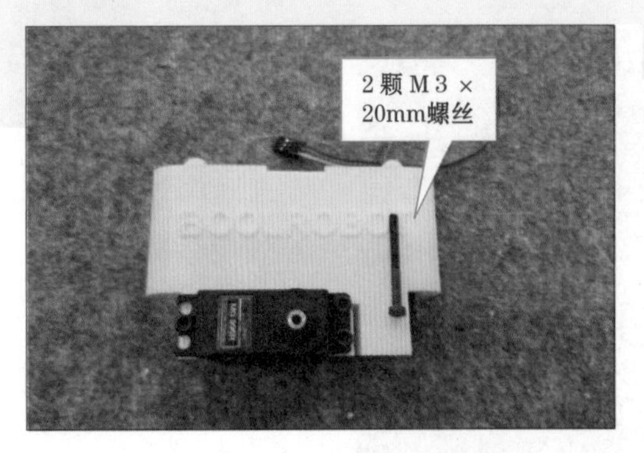

图19-8　M3×20mm螺丝安装位置

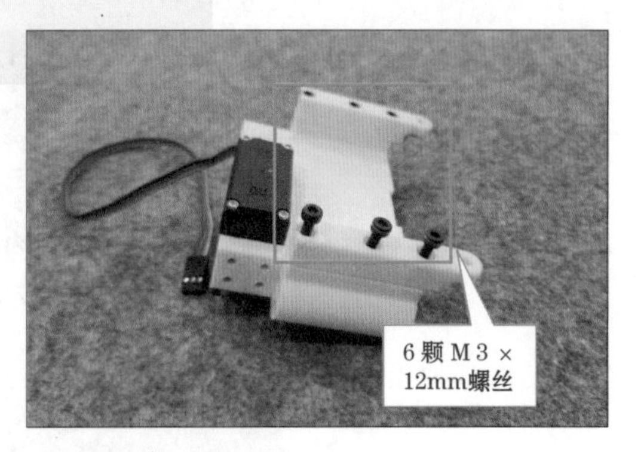

图19-9　M3×12mm螺丝安装位置

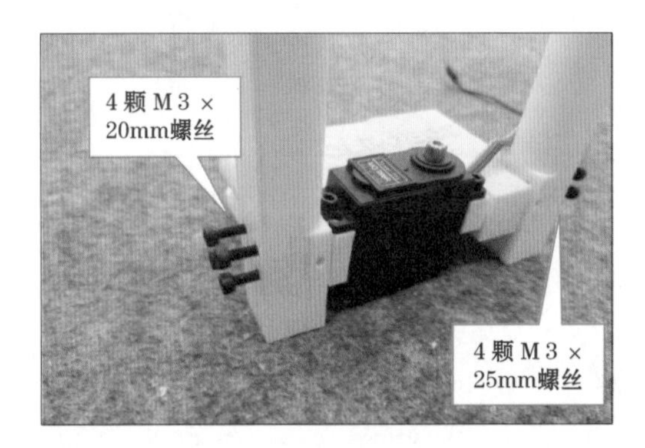

图19-10　M3×20mm和M3×25mm螺丝安装位置

3. 安装舵盘。找到舵盘部件，在外部安装黄色螺母，在底部安装黑色螺母，如图 9-11 所示。通过舵机上面的螺丝将舵盘与组装好的部分车桥支架相连，如图 19-12、图 19-13 所示。

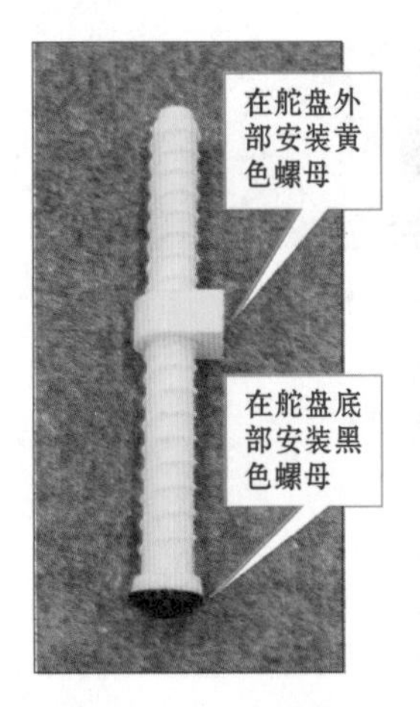

图19-11　安装螺母

图19-12　舵机上方的螺丝

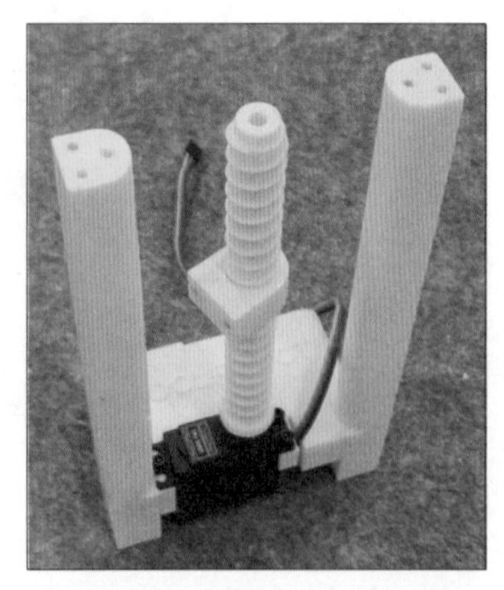

图19-13　连接舵盘与车桥支架

4. 用 6 颗 M3×20mm 的螺丝将车桥支架的剩余部件组装好，如图 19-14 所示。

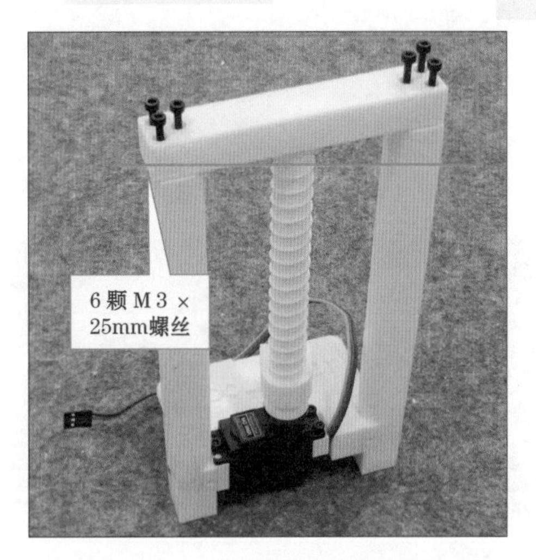

图19-14　将车桥支架组装完整

5. 开始安装叉车结构，按照图 19-15 所示的方向，推动叉车结构部件，将其完全卡入车桥支架中，如图 19-16 所示，然后继续推动，将其完全卡在舵盘的黄色螺母上，如图 19-17 所示。

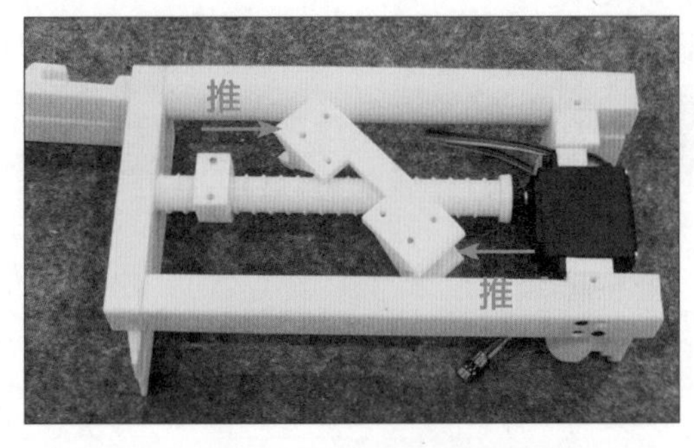

图19-15　安装叉车结构

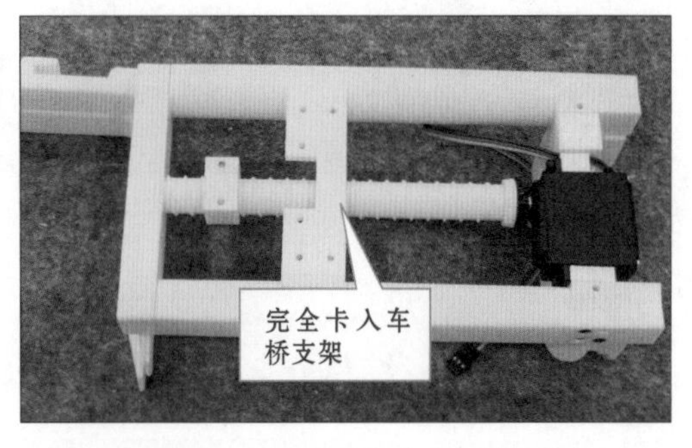

图19-16　将叉车部件卡入车桥支架中

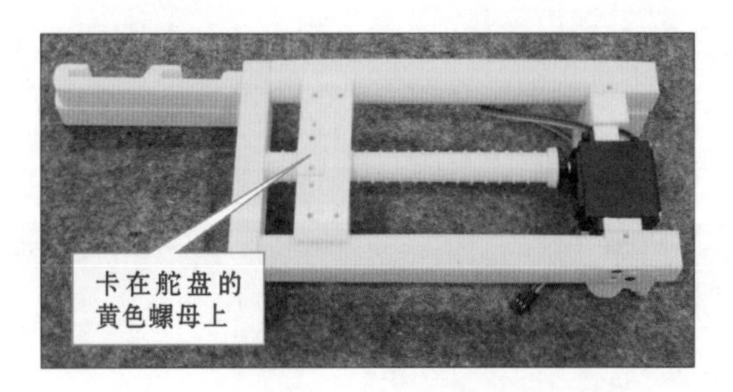

图19-17　将叉车部件卡在舵盘的黄色螺母上

6. 找到长方形部件，用 2 颗 M3×10mm 螺丝将其安装到车桥支架上，如图 19-18 所示。找到 C 形部件，按图 19-19 所示方向，将其卡在车桥支架尾部。接着用 4 颗 M3×20mm 螺丝和 4 颗 M3×15mm 螺丝固定长方形部件，如图 19-20 所示。找到直角部件，按图 19-21 所示方向，从侧方推入，将其安装到长方形部件上，安装好的叉车结构如图 19-22 所示。

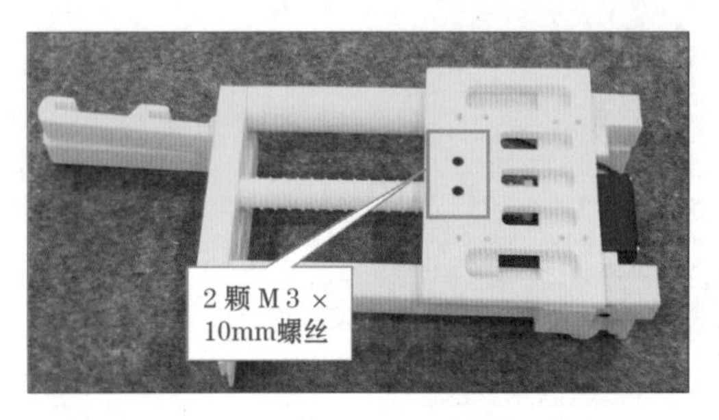

图19-18 安装长方形部件

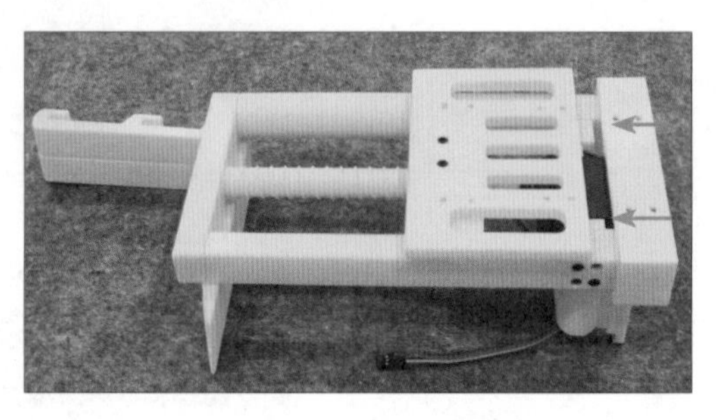

图19-19 卡入C形支架

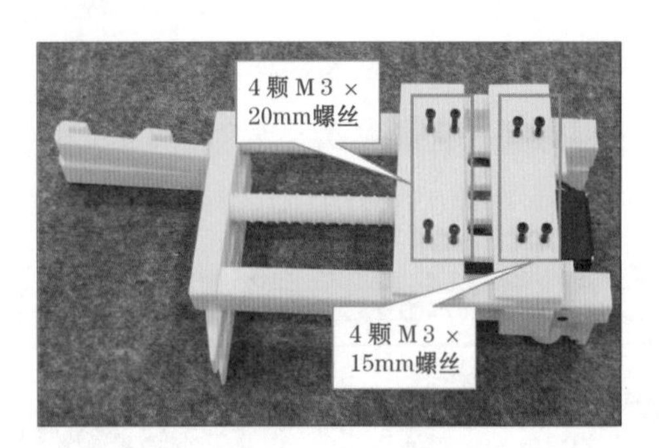

图19-20 固定长方形部件

图19-21 安装直角部件

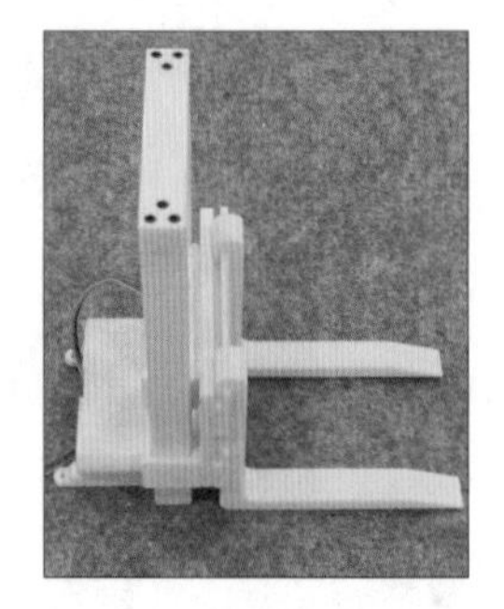

图19-22 安装好的叉车结构

二、将叉车结构安装到机甲大师的前桥部位

怎样才能把叉车结构安装到机甲大师的前桥部位？该如何固定呢？有小伙伴想起了第 17 课中机械爪的固定方法，大家决定采用相同的方法固定叉车部件。

我们拆除了机甲大师的前装甲板，看到了 2 个螺丝孔位，如图 19-23 所示，而 3D 打印的叉车部件上也预留了 2 个固定孔位，和这 2 个螺丝孔位正好匹配，我们用拆除下来的 2 颗螺丝，穿过孔位，将叉车结构固定在机甲大师的前桥部位。然后按照连接 PWM 接口的方式，连接舵机线（颜色最深的线对准运动控制器上面的字母 G），如图 19-24 所示。

图19-23 螺丝孔位

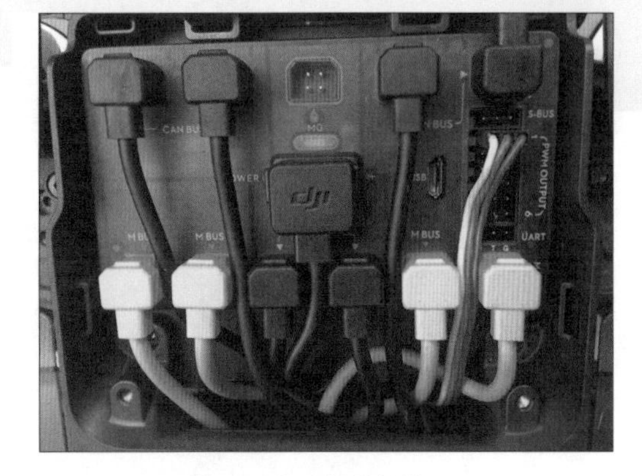

图19-24 连接舵机线

现在，我们的黄色小叉车就改装完成了，如图 19-25 所示。

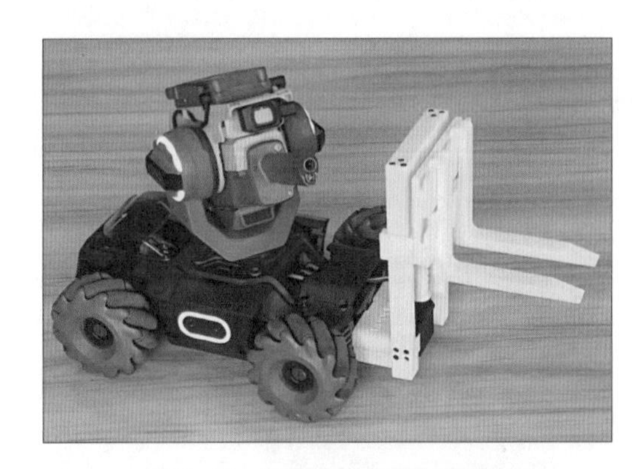

图19-25 改装完成的黄色小叉车

在安装叉车结构时，为了兼顾美观，我们将舵机线藏了起来。在前面的学习中，我们也将杜邦线、舵机线等隐藏在了机甲大师的底盘下，经过多次实践，小伙伴们都有了自己的走线技巧，快来分享一下自己的小技巧吧。

拓展反思

想让改装好的小叉车能够搬运物品，就必须先控制叉车运动。有小伙伴提议用视觉标签控制叉车运动，这个提议激发了大家的兴趣，大家决定通过编程控制叉车运动，将视觉标签按照 1、2、3、4、爱心、问号的顺序对应设置为前进、后退、左转、右转、货叉上升和货叉下降。

1 设置变量 front、back、left、right、up、down，根据视觉标签的 ID 信息，将它们分别赋值为 11、12、13、14、47 和 8。设置整机运动模式为云台跟随底盘运动模式，设置云台和底盘的灯效为常亮，并设置底盘的平移速率为 0.1m/s，旋转速率为 10°/s，细心的小伙伴考虑到叉车部件会遮挡摄像头，影响视觉识别效果，所以，我们控制云台向上旋转 10° ，保证摄像头不被遮挡。

```
开始运行
  将 front 设为 11
  将 back 设为 12
  将 left 设为 13
  将 right 设为 14
  将 up 设为 47
  将 down 设为 8
  控制云台 向上 旋转 10 度
  设置整机运动 云台跟随底盘模式
  开启 视觉标签 识别
  底盘 所有 LED 颜色 ( ) 灯效 常亮
  云台 所有 LED 颜色 ( ) 灯效 常亮
  设置底盘平移速率 0.1 米/秒
  设置底盘旋转速率 10 度/秒
```

2 新建列表 List，用来存储视觉标签信息，编写主程序，实现利用视觉标签控制底盘前进、后退、左转、右转。

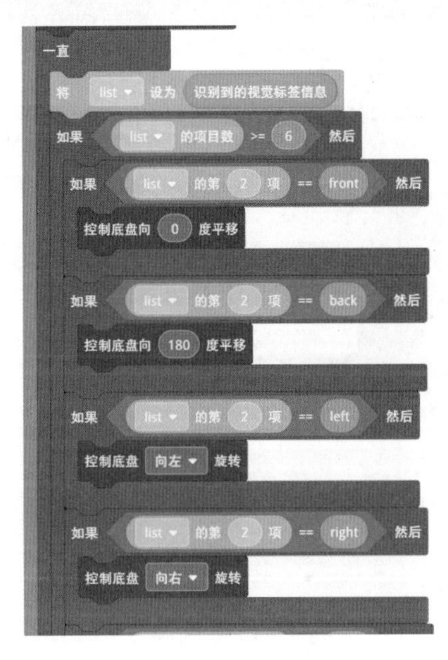

3 新建函数 run_up、函数 run_down 和函数 stop，分别设置 PWM 输出值为 2.5、12.5 和 0，将云台和底盘的灯效分别设置为蓝色、红色、白色。

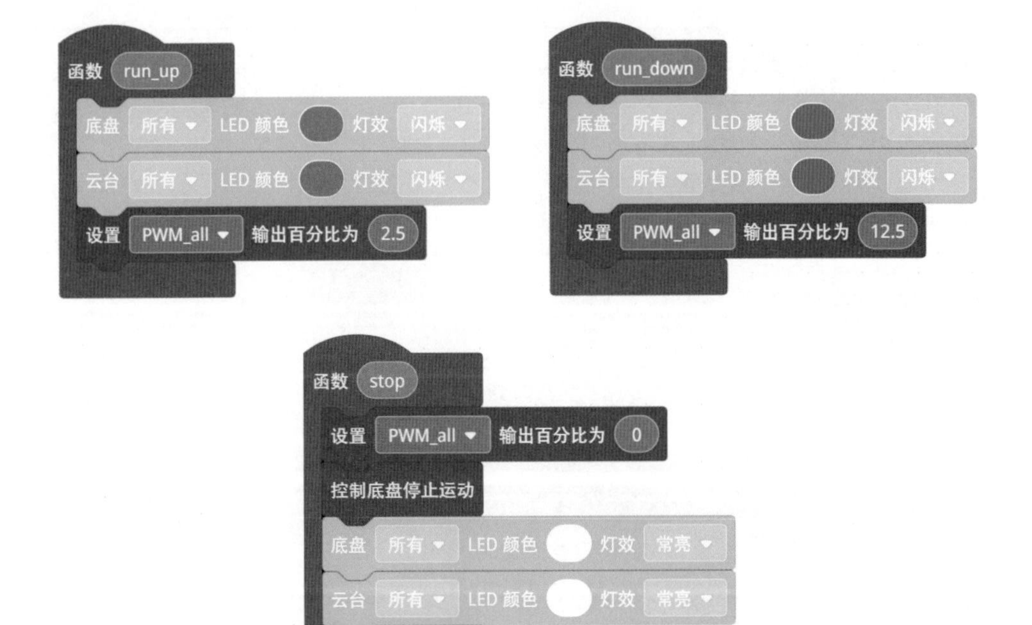

4 完善第二步中的程序，利用视觉标签控制货叉上升和下降。

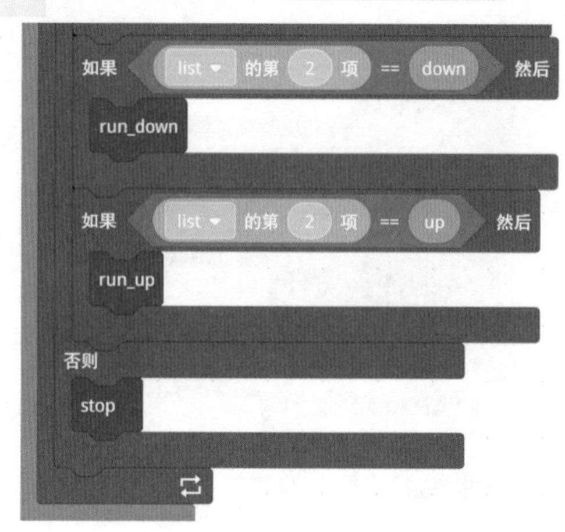

运行程序，小叉车可以利用视觉标签完成相应的指令动作，真是太神奇了！大家迫不及待地发起了一场搬运可乐瓶的比赛，我们小组赢得了第____名。我们决定在课下继续学习，让小叉车实现“花式”搬运。

效果评价

我对自己本节课学习的评价是（请按掌握程度给星星涂色，5 颗星表示满分）：

1. 我能将机甲大师改装成小叉车	☆ ☆ ☆ ☆ ☆
2. 我会利用视觉标签控制改装后的机甲大师	☆ ☆ ☆ ☆ ☆
3. 我可以和小伙伴们交流安装硬件的小技巧	☆ ☆ ☆ ☆ ☆

课后挑战

这次课让我体验到了用 3D 打印部件改装机甲大师的乐趣，我准备继续编写程序，让改装好的小叉车实现下面________的功能。

- 层次一：编写自定义程序，一键控制货叉升降。
- 层次二：编写程序，控制叉车沿着固定路线往返，运送一个可乐瓶。
- 超级挑战：运用手机陀螺仪实现体感控制货叉升降运送垃圾袋。
- 终极挑战：用 Python 编写自定义 UI 系统，控制叉车搬运砖块并把砖块砌成一小面墙。

第 20 课　无限充电桩
——充电改装与无人值守安防系统

活动目标

1. 学习电压、电流基础知识，并说明并联、串联电路的区别。
2. 掌握引出电源线加装充电接触点的方法。
3. 能编写程序控制机甲大师进行无人值守巡线和自动充电。

观察探究

商场里有一台外形很酷的人工智能巡逻机器人，只见它坚定地在路面上行进，不时还调整姿态，转动着脑袋上的两个“大眼睛”，闪动着的警示灯，就像在告诉大家“别担心，有我们的保护，这里很安全”。我从工作人员那里了解到，机器人充一次电能够连续工作 8 小时，太厉害了！如果我家也有这样的人工智能机器人就好啦！

传统的安防摄像头只能被动拍摄，如果有这样的安防机器人不间断地巡逻，就可以和摄像头组成“天罗地网”，强力保障家庭财产和人生安全。这台机器人的造型跟机甲大师有些相似之处，大家决定尝试改造机甲大师，让机甲大师变身为安防机器人。

要想实现机甲大师不间断巡逻的效果，核心难题是电力供应。通常情况下，机甲大师的续航时间是 35 分钟，如图 20-1 所示。

智能电池

容量	2400 mAh
标称电压	10.8 V
充电限制电压	12.6 V
电池类型	LiPo 3S
能量	25.92 Wh
重量	169 g
工作环境温度	-10℃～40℃
充电环境温度	5℃～40℃
最大充电功率	29 W
续航	35 分钟（*在平整路面以 2.0m/s 匀速行驶测得）
整机待机续航	约 100 分钟

图20-1　机甲大师智能电池参数

这个时间显然不能满足我们的设计需求，必须延长机甲大师的续航时间。虽然我们可以增加外挂电池，但这依然不能满足一天内的长时间续航。于是我们想到了改变充电方式，如果机甲大师可以像扫地机器人那样自动充电，就可以解决这个问题了。

这里还需要解决一个问题：充电线路是并联还是串联？

大师加油站

并联和串联的区别

串联是将电路元器件逐个顺次首尾相连接，并联则是将 2 个或 2 个以上的同类或不同类的元器件首首相接，同时尾尾亦相连。串联电路中各处电流相等，串联电路的总电阻等于各串联导体的电阻之和。并联电路的总电阻的倒数等于各并联导体的电阻的倒数之和，并联电路中干路电流等于各支路电流之和。串联电路的总电压等于各部分电路两端的电压之和，而并联电路中各支路两端的电压等于总电压。

我们用常见的4节1.5V电池测试，串联4节电池，电路电压为6V；而并联4节电池，电压仍然只有1.5V，如图20-2所示。根据查找到的资料和物理规律，我们应当将机甲大师的充电线路进行______改装。

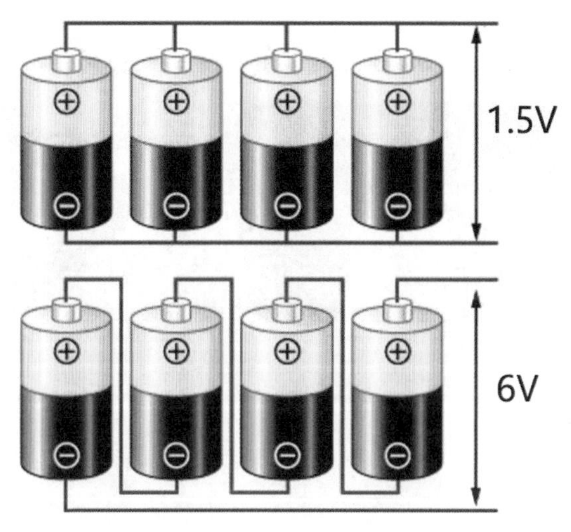

图20-2 串联与并联

做中学练

一、准备改装材料

参考扫地机器人的底部接触点充电方式，我们决定从运动控制器POWER接口并联引出电源正负极。这是一个定制化的XT30接口，与普通接口相比多了2根插针，这2根插针是用来进行电池通信的，如图20-3所示。

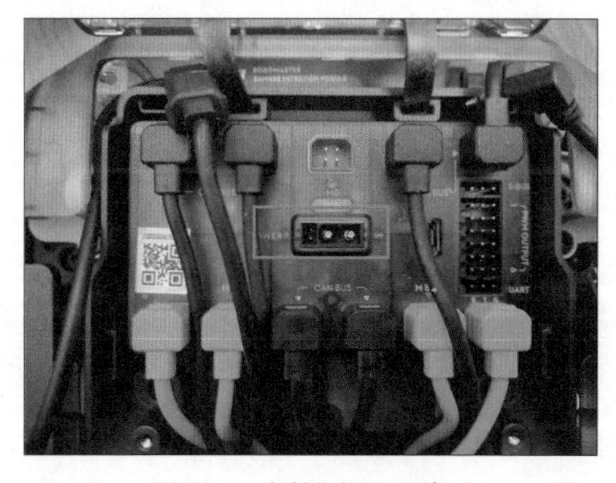

图20-3 定制化的XT30接口

我们从网上买来一根 XT30 母转两公线和一根 XT30 母头线，如图 20-4 所示。充电基座需要找有充电指示灯和DC接口的，最好有一定的弧形，可以适配机甲大师尾部形状。同时选用 9 ~ 24V/3A 带显示屏的可调压直流电源适配器进行充电测试，如图 20-5 和图 20-6 所示。

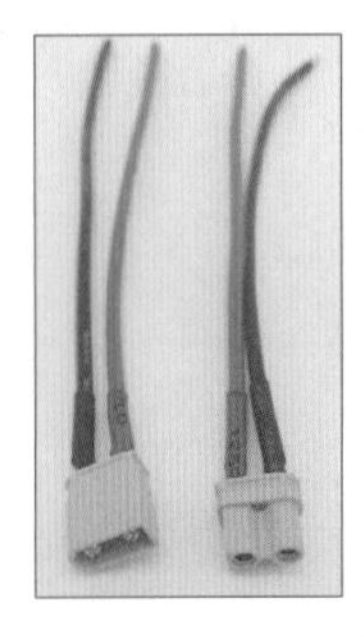

图20-4 XT30母转两公线和XT30母头线

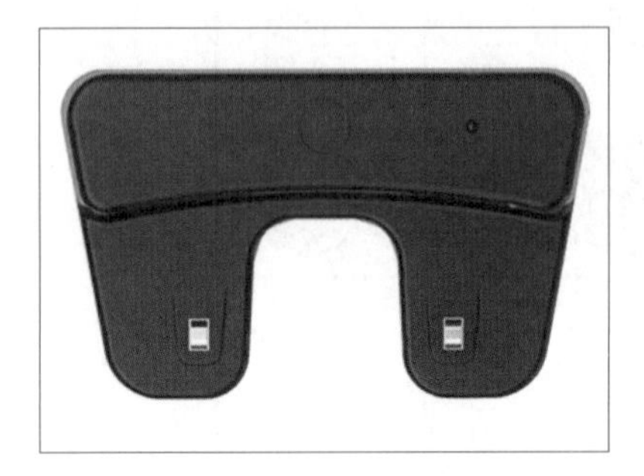

图20-5 充电基座

图20-6 电源适配器

机甲大师底部充电极片是我们最难找的材料，最好选择比较薄的，尽可能减小充电极片对底盘运动的影响，如图 20-7 所示。

图20-7 充电极片

二、充电电路改装与测试

准备好相关材料后，我们进行充电改装，步骤如下。

1 引出POWER接口，并联引出电源正负极。使用XT30母转两公线，母头接POWER口，公头一端接XT30母头线备用，另一端接原电源线。再使用一根公对母杜邦线连接电池通信电路，并把连接线有序地整理好。

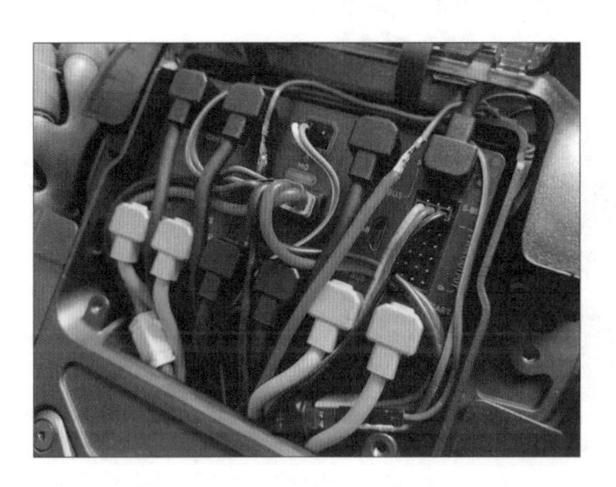

2 增加底盘充电极片。上一步的目的是将充电线延伸到机甲大师底盘，使充电极片与充电基座相连，因此底部接触点的安装尤为重要。我们将充电极片尽可能地做成扁平状，按照充电基座上金属弹簧的位置，用热熔胶枪把充电极片粘在底盘合适的部位。

3 将两根公对母杜邦线剔除塑料保护套，分别连接充电极片、并联电源线两头，形成并联充电接口，并在适当的位置用透明胶带固定。

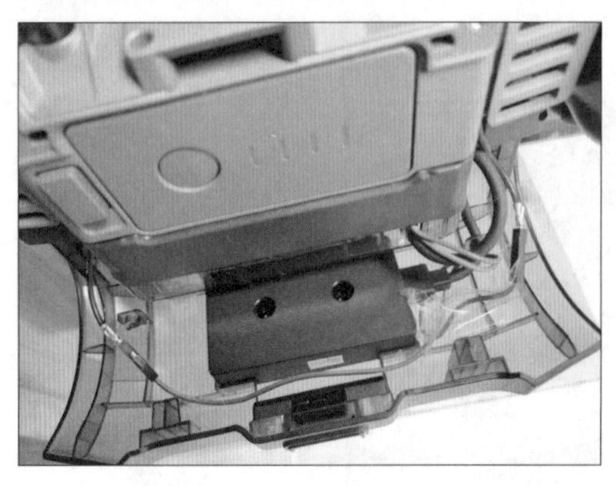

4 测试充电电路是否可以正常工作。在老师的指导下，我们将可调压直流电源适配器 DC 插头插入充电基座的 DC 接口，连接交流电。根据功率的计算方法（$P=UI$），在功率一定的情况下，电压越大，电流越小。机甲大师智能电池的最大充电功率为 29W，我们使用的是 3A 电源适配器，因此我们应该从____V 开始测试充电，最终我们测得充满锂电池的实际充电电压是_____V。

这种电源适配器仅能直流供电，这里只进行充电测试，得到数据后需要选购合适的 DC 接口充电器。另外，进行充电改装可能会失去大疆创新的售后保障，同学们在改装时一定要注意安全！

拓展反思

一、规划无人值守算法

组装好充电电路后，大家的心情都很振奋，是时候给机甲大师注入“灵魂”了。通过查找资料，我们了解到目前主流扫地机器人的自动返回充电技术主要有：__________定位、________定位、________定位和_________定位。我们在第 12 课中已经掌握了如何

运用机甲大师摄像头进行视觉巡线，大伙打算从这里着手，尝试编写机甲大师自动回充程序。

首先将充电基座放置在一个合适的位置，保证周围没有障碍物，如图20-8所示。然后使用蓝色胶带规划巡逻路线，充电基座处我们使用了Y形线，其他位置的单线需要确保机甲大师转弯顺畅，如图20-9所示。

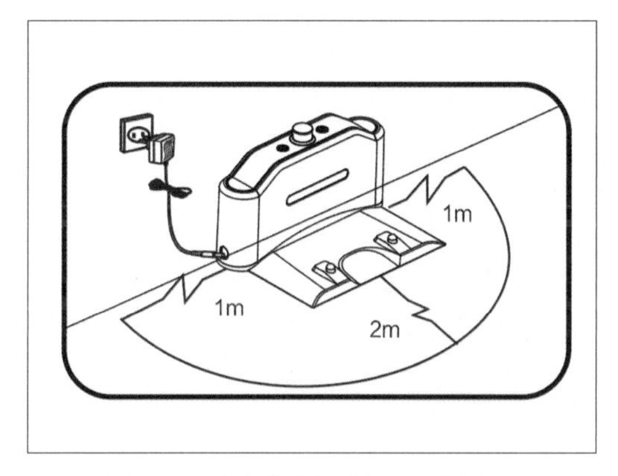

图20-8　充电基座摆放位置示意图

图20-9　规划巡逻路线

通过前面的学习，我们知道机甲大师摄像头获取路线信息列表的第2项是线的类型，而它恰好可以识别出视野内的Y形路线，如表20-1所示。

表20-1　机甲大师摄像头可识别的各种路线

情况	视野内无路线	视野内有一条路线	视野内有Y形路线	视野内有十字路
示意图		(	)	Y	十
数据	0	1	2	3

为了更好地编写无人值守巡逻程序，我们一起分析了程序思路。

（1）初始化无人值守参数，包括设置整机运动模式、设置云台转速与角度、开启线识别等。

（2）检测当前环境光线，低照明度情况下需要打开探照灯。

（3）进行单线巡线，如果发现Y形路线，则读取当前电量值，如果电量低于10%则驶入充电桩进行充电。

（4）电量达到99%后驶离充电桩，继续巡线。

（5）如果巡线过程中识别到人或听到掌声，则停止巡线，扫描四周，并发射水弹，

同时播放自定义警报音。

根据上面的分析，我们绘制了思维导图，如图 20-10 所示。

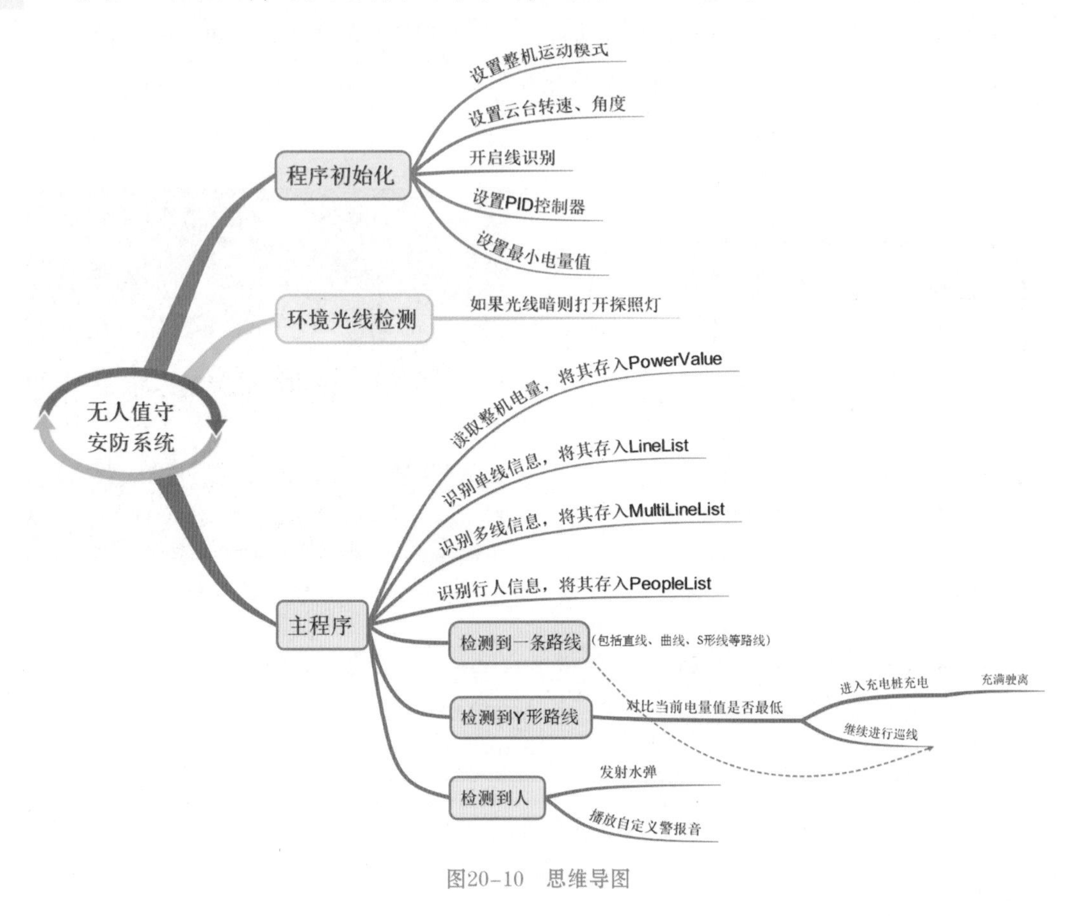

图20-10　思维导图

二、编写无人值守安防程序

我们认为整个程序中最关键的部分是让机甲大师正确找到充电基座自动充电，这部分大家打算使用多线识别信息来进行 Y 形路线路口的巡线，编程步骤如下。

1 新建函数 Setting，设整机运动模式为底盘跟随云台模式、云台转速为90°/s。新建2个变量 PowerMinimum 和 ChargeNum，将初始值分别设置为10、0。开启线识别，设置 PID 控制器参数。

2 新建函数 LightTest，检测环境光亮度，当亮度低于0.05时开启探照灯，增强低照明度下的巡线能力。

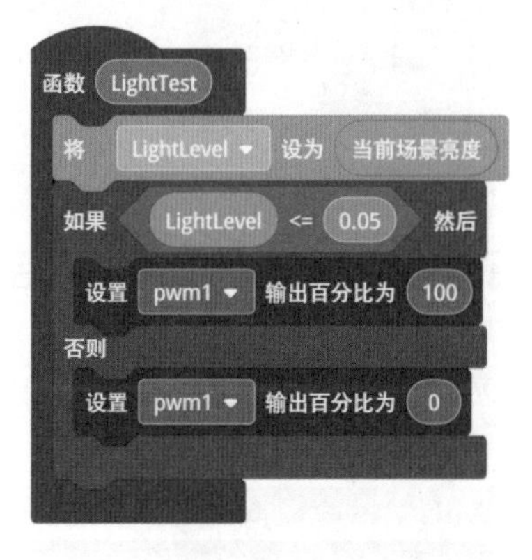

3 新建函数 ForkingRun 和函数 ChargeRun，用来进行分叉路口巡线和充电巡线。需要注意的是，识别的多线信息中的第 2 项数值才是第 1 个点的 X 坐标，第 2 个点的 X 坐标取第 6 项值。

```
函数 ForkingRun
    将 MultiLineList 设为 识别到的多线信息
    将 x 设为 MultiLineList 的第 6 项
    设置PID控制器 Follow_Line 的误差为 x - 0.5
    控制云台以 PID控制器 Follow_Line 的输出 度/秒绕航向轴旋转 0 度/秒绕俯仰轴旋转
    设置底盘平移速率 0.2 米/秒
    控制底盘向 0 度平移
```

```
函数 ChargeRun
    将 x 设为 LineList 的第 7 项
    设置PID控制器 Follow_Line 的误差为 x - 0.5
    控制云台以 PID控制器 Follow_Line 的输出 度/秒绕航向轴旋转 0 度/秒绕俯仰轴旋转
    设置底盘平移速率 0.2 米/秒
    控制底盘向 0 度平移
```

4 新建函数 GoCharge，设置为整机运动模式为自由模式，将机甲大师调转 180° 后，将尾部对准充电基座，后退连接。充电时关闭所有 LED，充满电后前进一小段，右转，开始巡线。注意变量 ChargeSwitch 为充电标志位。

```
函数 GoCharge
    底盘 所有 LED 颜色 ● 灯效 呼吸
    设置整机运动 自由模式
    控制底盘 向左 旋转 180 度
    控制云台旋转到航向轴 0 度 俯仰轴 0 度
    等待 1 秒
    控制底盘向 180 度平移 0.5 米
    设置 pwm1 输出百分比为 0
    控制底盘停止运动
    将 ChargeSwitch 设为 0
    播放音效 识别成功
    重复直到 PowerValue >= 99
        将 PowerValue 设为 整机剩余电量
    将 ChargeNum 增加 1
    等待 3 秒
    控制底盘向 0 度平移 0.3 米
    控制底盘 向右 旋转 90 度
    控制云台旋转到航向轴 0 度 俯仰轴 -20 度
    设置整机运动 底盘跟随云台模式
    LightTest
```

5 主程序分两部分。程序初始化和进行环境光检测后，首先将单线信息存入列表LineList。如果LinList第2项为1表示单线信息；为2表示进入Y形路线路口，需要判断当前电量是否过低，也就是电量小于Power-Minimum时要进入充电巡线。在充电巡线中，会遇到线走完的情况，这时候再判断一次电量值和充电标志位，满足条件则执行充电动作。

```
开始运行
Settings
LightTest
一直
  将 PowerValue 设为 整机剩余电量
  将 LineList 设为 识别到的单线信息
  如果 LineList 的项目数 = 42 然后
    如果 LineList 的第 2 项 = 1 然后
      底盘 所有 LED 颜色 ( ) 灯效 常亮
      ForkingRun
    如果 LineList 的第 2 项 = 2 与 绝对值 LineList 的第 7 项 - LineList 的第 31 项 < 0.15 然后
      将 ChargeSwitch 设为 1
      如果 PowerValue <= PowerMinimum 与 ChargeSwitch = 1 然后
        底盘 所有 LED 颜色 ( ) 灯效 常亮
        ChargeRun
      否则
        底盘 所有 LED 颜色 ( ) 灯效 常亮
        将 ChargeSwitch 设为 0
        ForkingRun
  否则
    如果 PowerValue <= PowerMinimum 与 LineList 的项目数 = 2 与 ChargeSwitch = 1 然后
      GoCharge
    否则
      底盘 所有 LED 颜色 ( ) 灯效 常亮
      控制云台以 0 度/秒绕航向轴旋转 0 度/秒绕俯仰轴旋转
```

最后进行人员检测，编写发射水弹程序，大家齐心协力，很快就完成了程序的编写。

效果评价

我对自己本节课学习的评价是（请按掌握程度给星星涂色，5 颗星表示满分）：

1. 我能正确区分串联电路和并联电路	☆☆☆☆☆
2. 我会使用相关材料给机甲大师增加充电接口	☆☆☆☆☆
3. 我可以完成无人值守程序，打造机甲大师安全卫士	☆☆☆☆☆

课后挑战

这次课让我深刻体会到完成一个项目需要付出很多努力，我会继续进行迭代设计，完成下面________的挑战。

- 层次一：改装机甲大师，手动控制机甲大师返回充电桩充电。
- 层次二：改装机甲大师，自动控制机甲大师返回充电桩充电。
- 超级挑战：实地测试，优化程序，实现机甲大师 1 小时不间断运行。
- 终极挑战：优化硬件和程序，实现机甲大师 24 小时不间断运行，进行行人检测和警报提示。

附 录1　填空题参考答案

课题	位置	参考答案或说明
第 1 课　初入大本营	做中学练	④⑤②③①
	做中学练	设置类，执行类，事件类，信息类，条件类
第 2 课　炫彩灯光秀	做中学练	显示→机器人 LED 颜色，熄灭 LED
	拓展反思	弹道灯
第 3 课　巡逻小卫士	做中学练	云台跟随底盘模式，底盘跟随云台模式，自由模式
	做中学练	一样的
	做中学练	600°/s
第 4 课　趣味打地鼠	观察探究	声音
	做中学练	确定“锤子”击打的位置，并判断“锤子”是否打中“地鼠”
	做中学练	“数据对象”→“创建一个变量”
	拓展反思	增加游戏难度。随着击打次数增加，地鼠出现频率越来越高！
第 6 课　闪避攻击战	拓展反思	平移，自转
	拓展反思	越大，越大，越大，越小
第 7 课　迅猛反击战	观察探究	开始运行，函数体
	拓展反思	当任一装甲板受到攻击，装甲板受到攻击的状态
第 8 课　灵眸识标签	观察探究	视觉标签识别
	做中学练	俯仰轴，航向轴
	拓展反思	不变，数对先列后行
第 9 课　体感控制器	观察探究	正前方，前进
	观察探究	正后方，后退
第 11 课　精准化射击	观察探究	一级活塞，二级活塞，锥齿轮、减速齿轮、半齿轮，直齿
	拓展反思	更换弹簧，添加上旋器，使用手柄或鼠标和键盘，修正准星坐标
第 12 课　寻迹游骑兵	拓展反思	实际切线角
第 13 课　飞车炫漂移	做中学练	平移，旋转，180°
第 17 课　威猛机械爪	观察探究	PWM，角度，开合
	做中学练	6
	做中学练	一根舵机延长线
第 20 课　无限充电桩	观察探究	并联
	做中学练	9.6，15
	拓展反思	红外线，超声波，激光，蓝牙

附录2　图形化编程模块表

模块类型	模块内容和功能说明
系统	设置整机运动 云台跟随底盘模式 设置整机的 3 种运动模式：云台跟随底盘模式、底盘跟随云台模式、自由模式
	计时器 开始 计时 开始、暂停或结束计时
	控制相机放大 1 倍 控制相机放大倍数，范围为 1 ~ 4 倍，可以让机器人的视觉识别距离更远，局部图像更清晰
	计时器当前时间 获取计时器从开始到当前时刻的用时，返回秒数
	程序运行时间 获取程序运行用时，返回秒数
	当前的 年 获取当前的时间信息，具体到年、月、日、时、分、秒
	整机运行时间 获取整机运行时间，返回秒数
	整机剩余电量 获取机甲大师当前剩余的电量，返回 0 ~ 100 的整数，表示剩余电量百分比
灯效	控制 所有 LED 每秒闪烁 2 次 设置所有、底盘前侧、底盘后侧、底盘左侧、底盘右侧、云台左侧、云台右侧 LED 的闪烁频率，2Hz 即每秒闪烁 2 次
	底盘 所有 LED 颜色 灯效 常亮 设置底盘所有、底盘前侧、底盘后侧、底盘左侧、底盘右侧 LED 的颜色和灯效，灯效分别为常亮、熄灭、呼吸、闪烁

续表

模块类型	模块内容和功能说明
灯效	云台 所有 LED 颜色 灯效 常亮 设置云台所有、左侧、右侧 LED 的颜色和灯效，灯效分别为常亮、熄灭、呼吸、闪烁
	云台 所有 LED 序号 1 灯效 常亮 设置云台所有、左侧、右侧指定序号的 LED 常亮或熄灭
	关闭 所有 LED 让所有、底盘前侧、底盘后侧、底盘左侧、底盘右侧、云台左侧、云台右侧的 LED 熄灭
	开启 弹道灯 开启或关闭弹道灯
底盘	设置 PWM_all 输出百分比为 7.5 设置 PWM 接口输出百分比，数值越大，在某一周期内高电平的持续时间越长
	开启 底盘速度杆量叠加 开启时，在程序控制底盘运动的过程中，叠加摇杆对底盘的控制量；关闭时，不叠加摇杆对底盘的控制量
	设置底盘以 0 度跟随云台 在底盘跟随云台模式下，当云台左右旋转时，底盘始终与云台保持指定夹角
	设置底盘平移速率 0.5 米/秒 设置底盘的平移速率，数值越大，移动得越快
	设置底盘旋转速率 30 度/秒 设置底盘的旋转速率，数值越大，旋转得越快
	控制麦轮以转速 左前轮 100 右前轮 100 左后轮 100 右后轮 100 转/分转动 独立控制 4 个麦克纳姆轮的转速，符合麦克纳姆轮转动方向和速度的有效组合才会生效
	控制底盘向 0 度平移 控制底盘向指定方向平移
	控制底盘向 0 度平移 1 秒 控制底盘向指定方向平移指定时长

续表

模块类型	模块内容和功能说明
底盘	控制底盘向 (0) 度平移 (1) 米 控制底盘向指定方向平移指定距离
	控制底盘以 (0.5) 米/秒向 (0) 度平移 控制底盘以指定的平移速率向指定方向平移
	控制底盘 [向右▾] 旋转 控制底盘向左、向右旋转
	控制底盘 [向右▾] 旋转 (1) 秒 控制底盘向左、向右旋转指定时长
	控制底盘 [向右▾] 旋转 (0) 度 控制底盘向左、向右旋转指定角度
	控制底盘以 (30) 度/秒 [向右▾] 旋转 控制底盘以指定的旋转速率向左、向右旋转
	控制底盘向前方 (0) 度平移且 [向右▾] 旋转 控制底盘向指定方向平移的同时向左、向右旋转
	控制底盘以 (0.5) 米/秒沿x轴平移 (0.5) 米/秒沿Y轴平移 (30) 度/秒绕Z轴旋转 控制底盘以指定速率向指定方向移动
	控制底盘停止运动 让底盘停止运动
	底盘 [航向轴▾] 姿态角 获取底盘当前位置航向轴、俯仰轴、翻滚轴姿态角值
	底盘当前位置 [X坐标▾] 获取底盘当前位置的 X 坐标、Y 坐标和朝向
	当底盘撞击到障碍物 在行驶过程中，当底盘撞击到人、桌腿等障碍物时，运行本模块内的程序
	底盘撞击到障碍物 在行驶过程中，检测到底盘撞击到人、桌腿等障碍物时返回真，否则返回假

续表

模块类型	模块内容和功能说明
云台	开启 ▾ 云台速度杆量叠加 开启时，在程序控制云台运动的过程中，叠加摇杆对云台的控制量；关闭时，不叠加摇杆对云台的控制量
	设置云台以 0 度跟随底盘 在云台跟随底盘模式下，当底盘左右旋转时，云台始终与底盘保持指定夹角
	设置云台旋转速率 30 度/秒 云台默认旋转速率是30°/s，设置数值越大，旋转得越快
	控制云台 回中 ▾ 控制云台回到初始位置、停止运动、休眠或唤醒
	控制云台 向上 ▾ 旋转 控制云台向上、向下、向左、向右旋转
	控制云台 向上 ▾ 旋转 0 度 控制云台向上、向下、向左、向右旋转指定角度
	控制云台绕航向轴旋转到 0 度 控制云台绕航向轴旋转到指定角度
	控制云台绕俯仰轴旋转到 0 度 控制云台绕俯仰轴旋转到指定角度
	控制云台旋转到航向轴 0 度 俯仰轴 0 度 控制云台旋转到指定角度
	控制云台以 30 度/秒绕航向轴旋转 30 度/秒绕俯仰轴旋转 控制云台以指定旋转速率同时绕航向轴、俯仰轴旋转
	云台 航向轴 ▾ 姿态角 获取云台当前在航向轴或俯仰轴上的姿态角值

续表

模块类型	模块内容和功能说明
发射器	设置发弹数 1 颗/次 设置发弹数，即每次射出的水弹颗数
	单次发射水弹 控制发射器只发射一次水弹
	连续发射水弹 控制发射器持续发射水弹
	停止发射水弹 停止发射水弹
	设置红外发射频率 1 次/秒 设置红外光束的发射频率，即每秒射出红外光束的次数
	单次发射红外光束 控制发射器只发射一次红外光束
	连续发射红外光束 控制发射器连续发射红外光束
	停止发射红外光束 停止发射红外光束
智能	开启 视觉标签 识别 开启或关闭视觉标签、姿势、行人、机器人识别
	开启 线识别 开启或关闭线识别
	开启 拍手识别 开启或关闭拍手识别
	设置视觉标签的可识别距离为 1 米内 设置视觉标签的有效识别距离，超出限制则不会识别到
	设置线识别颜色为 蓝 设置识别线的颜色为蓝、红、绿

续表

模块类型	模块内容和功能说明
 **智能**	设置相机的曝光值为 大 ▾ 设置相机的曝光值为大、中、小
	当识别到 行人 ▾ 当识别到物体（行人、机器人）、视觉标签 – 方向（任一方向、左箭头、右箭头、前进箭头、停止运动）、视觉标签 – 图形（红心、靶、骰子）、视觉标签 – 数字（0 ~ 9）、视觉标签 – 字母（A ~ Z）、姿势（任一姿势、V 字、倒 V 字、拍照手势）对应信息时，运行本模块内部的程序
	识别到 红心 ▾ 并瞄准 识别到视觉标签 – 图形（红心、靶、骰子）、视觉标签 – 数字（0 ~ 9）、视觉标签 – 字母（A ~ Z）对应信息并瞄准
	当识别到 两次拍手 ▾ 当识别到两次拍手或三次拍手时，运行本模块内部程序（拍手时需要快速）
	识别到 行人 ▾ 识别到物体（行人、机器人）、视觉标签 – 方向（任一方向、左箭头、右箭头、前进箭头、停止运动）、视觉标签 – 图形（红心、靶、骰子）、视觉标签 – 数字（0 ~ 9）、视觉标签 – 字母（A ~ Z）、姿势（任一姿势、V 字、倒 V 字、拍照手势）对应信息时返回真，否则返回假
	识别到 两次拍手 ▾ 识别到两次拍手或三次拍手时返回真，否则返回假（拍手时需要快速）
	等待识别到 行人 ▾ 待机器人识别到物体（行人、机器人）、视觉标签 – 方向（任一方向、左箭头、右箭头、前进箭头、停止运动）、视觉标签 – 图形（红心、靶、骰子）、视觉标签 – 数字（0 ~ 9）、视觉标签 – 字母（A ~ Z）、姿势（任一姿势、V 字、倒 V 字、拍照手势）对应信息时将继续执行，否则将继续等待
	等待识别到 两次拍手 ▾ 待机器人识别到两次拍手或三次拍手时将继续执行，否则将继续等待（拍手时需要快速）
	识别到的视觉标签信息 获取识别到的视觉标签信息，参数为 N（标签数量）、ID（视觉标签 ID）、X（中心点的横坐标）、Y（中心点的纵坐标）、W（宽度）、H（高度）

续表

模块类型	模块内容和功能说明
智能	识别到的 行人 ▾ 信息 获取识别到的行人或机器人信息，参数为 N（物体数量）、X（中心点的横坐标）、Y（中心点的纵坐标）、W（宽度）、H（高度）
	识别到的姿势信息 获取识别到的姿势信息，参数为 N（姿势数量）、ID（姿势 ID）、X（中心点的横坐标）、Y（中心点的纵坐标）、W（宽度）、H（高度）
	识别到的单线信息 获取识别到的单条线信息，参数为 N（线上点的数量 10）、Info（线的类型）、X（横坐标）、Y（纵坐标）、θ（实际切线角）、C（曲率）
	识别到的多线信息 获取识别到的多条线信息，参数为 N（线上点的数量）、顺时针第 n 条线的信息 X（横坐标）、Y（纵坐标）、θ（切线角）、C（曲率）
	当前场景亮度 获取当前场景的亮度信息，返回数值 0 ~ 10，数值越大，代表当前场景越亮
	准星位置 获取视野准星的位置信息，参数为 X（横坐标）、Y（纵坐标）
 装甲板	设置装甲板灵敏度 5 设置装甲板的灵敏度数值，数值越大，装甲板感应灵敏度越高。硬物敲击时灵敏度建议设为 6，指关节叩击时灵敏度建议设为 8
	 当任一、底盘前侧、底盘后侧、底盘左侧、底盘右侧、云台左侧、云台右侧的装甲板受到攻击时，运行本模块内的程序
	最近受到攻击的装甲板 ID ▾ 获取最近受到攻击的装甲板信息（ID 和时间戳），ID 反馈出装甲板位置，时间戳可以记录受到攻击的时间点
	任一 ▾ 装甲板受到攻击 持续检测任一、底盘前侧、底盘后侧、底盘左侧、底盘右侧、云台左侧、云台右侧的装甲板是否受到攻击，被攻击时返回真，否则返回假
	等待 任一 ▾ 装甲板受到攻击 待任一、底盘前侧、底盘后侧、底盘左侧、底盘右侧、云台左侧、云台右侧的装甲板受到攻击后，才会执行下一条信息，否则会继续等待

续表

模块类型	模块内容和功能说明
装甲板	当机器人受到红外攻击 当机器人云台两侧的红外传感器受到红外光束攻击时，运行本模块内的程序
	等待机器人受到红外攻击 待机器人云台两侧的红外传感器受到红外光束攻击时才会执行下一条信息，否则会继续等待
	机器人受到红外攻击 检测机器人云台两侧的红外传感器是否受到红外光束攻击，受到攻击时会返回真，否则返回假
移动设备	移动设备 航向轴 角度 获取手机、平板电脑等移动设备当前的航向轴、俯仰轴、翻滚轴姿态角值
	移动设备 X轴 加速度 获取手机、平板电脑等移动设备在 X 轴、Y 轴、Z 轴上加速度单元的测量值
多媒体	播放音符 1C 从钢琴面板上所有音符中选择一个音符播放
	播放音效 被击中 播放被击中、射击、扫描中、识别成功、云台转动、倒计时开始的音效，同时立即执行下一条命令
	播放音效 被击中 直到结束 被击中、射击、扫描中、识别成功、云台转动、倒计时开始的音效播放完毕后，执行下一条命令
	播放自定义音频 选择 播放导入的自定义音频
	播放自定义音频 选择 直到结束 播放导入的自定义音频，直到结束
	拍照 响起快门声的同时拍摄一张照片
	开始 视频录制 开始或结束视频录制，结束后会在 SD 卡中生成一段视频

续表

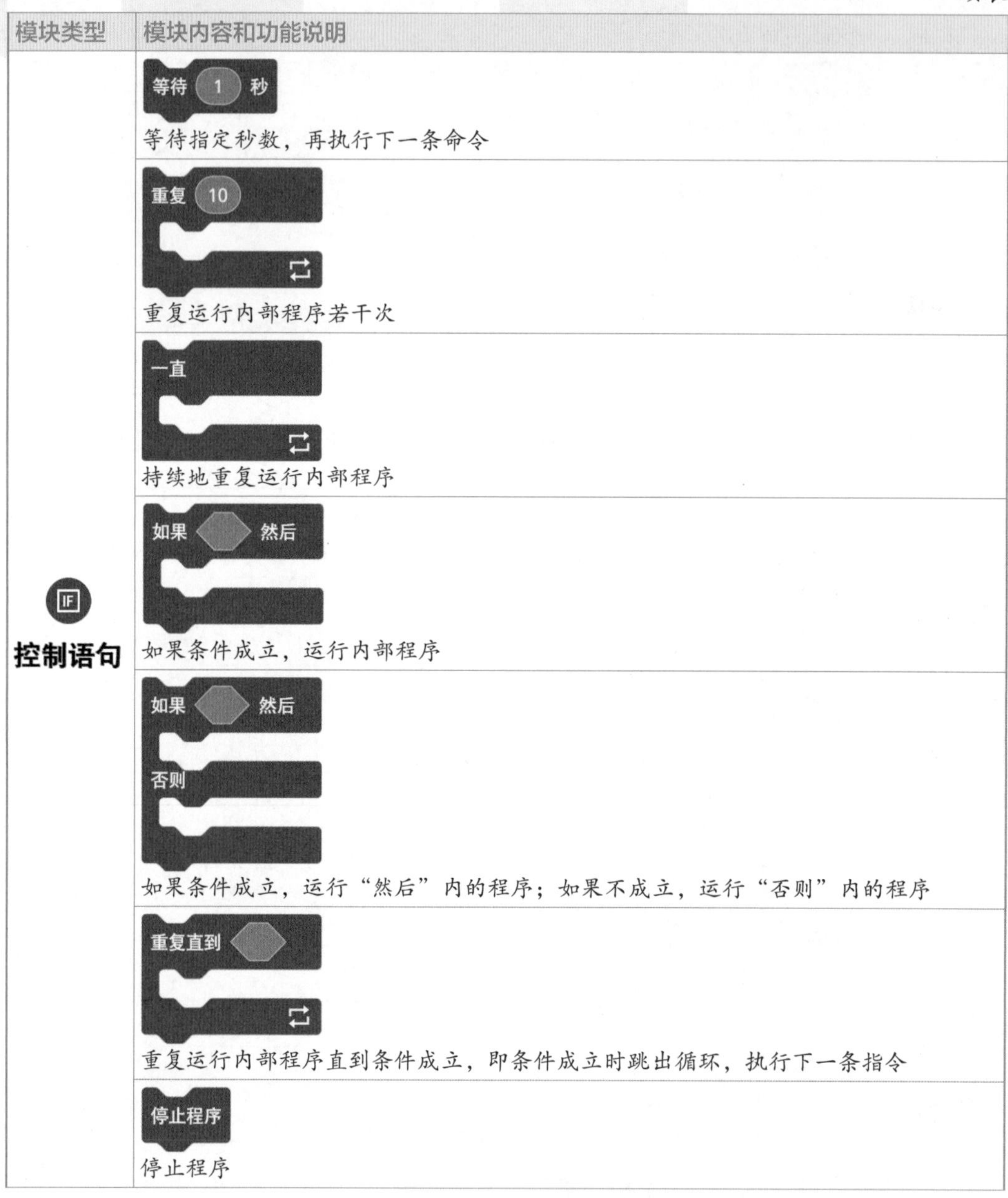

模块类型	模块内容和功能说明
控制语句	等待 1 秒 等待指定秒数，再执行下一条命令
	重复 10 重复运行内部程序若干次
	一直 持续地重复运行内部程序
	如果 然后 如果条件成立，运行内部程序
	如果 然后 否则 如果条件成立，运行“然后”内的程序；如果不成立，运行“否则”内的程序
	重复直到 重复运行内部程序直到条件成立，即条件成立时跳出循环，执行下一条指令
	停止程序 停止程序

续表

模块类型	模块内容和功能说明
运算符	0 + 0 两数相加
	0 - 0 两数相减
	0 * 0 两数相乘
	0 / 0 两数相除
	在 1 到 10 间随机选一个数 在指定范围内随机选取一个数值
	四舍五入 0 取整，通过四舍五入获取最接近此数值的整数
	0 除以 1 的余数 取模，获取第一个数值除以第二个数值所得的余数
	绝对值 ▾ 0 对指定数值取绝对值、向上取整、向下取整、平方根、正弦值（sin）、余弦值（cos）、正切值（tan）、反正弦值（asin）、反余弦值（acos）、反正切值（atan）、自然对数（ln）、对数函数（log）、e 的指定数值次方根、10 的指定数值次方根
	0 == 0 两个值相等时为真，否则为假
	0 != 0 第一个值不等于第二个值时为真，否则为假
	0 < 0 第一个值小于第二个值时为真，否则为假
	0 <= 0 第一个值小于或等于第二个值时为真，否则为假
	0 > 0 第一个值大于第二个值时为真，否则为假
	0 >= 0 第一个值大于或等于第二个值时为真，否则为假
	与 两个条件都成立时才为真，否则为假

续表

模块类型	模块内容和功能说明
运算符	〈 〉或〈 〉 任一条件成立时为真，两个条件都不成立时为假
	非〈 〉 取反，即条件成立时返回假，条件不成立时返回真
	将 (0) 从低 (0) 高 (1023) 映射至低 (0) 高 (4) 根据比例关系，对设定的数值进行缩放
数据对象	(N) 变量对象（以变量 N 为例，下同）
	将 [N ▾] 设为 (0) 为变量赋值，对变量进行初始化用该模块实现
	将 [N ▾] 增加 (1) 控制变量数值的增减，正数为增加，负数为减少
	(MarkerList) 列表对象（以列表 MarkerList 为例，下同）
	将 [MarkerList ▾] 设为 (空列表) 将列表初始化为空列表
	将 (1) 添加到 [MarkerList ▾] 末尾 在列表末尾添加数据
	删除 [MarkerList ▾] 的第 (1) 项 删除列表中指定项的数据
	删除 [MarkerList ▾] 的 [全部项 ▾] 删除列表中全部项目数据
	在 [MarkerList ▾] 的第 (1) 项前插入 (1) 在列表的指定项前插入指定数据
	将 [MarkerList ▾] 的第 (1) 项替换为 (1) 将列表的指定项替换为指定数据
	([MarkerList ▾] 的第 (1) 项) 列表的指定项
	([MarkerList ▾] 中第一个 (1) 的索引) 列表中第一个指定数据的索引
	([MarkerList ▾] 的项目数) 列表的项目数

续表

模块类型	模块内容和功能说明
数据对象	MarkerList ▾ 包含 1 ? 检测列表中是否包含指定数据，包含时返回真，否则返回假
	设置PID控制器 Yaw ▾ 的误差为 0 设置 PID 控制器的误差为指定数值（以 PID 控制器 Yaw 为例，下同）
	设置PID控制器 Yaw ▾ 的参数 Kp 0 Ki 0 Kd 0 设置 PID 控制器的 3 个参数 Kp（比例系数）、Ki（积分系数）、Kd（微分系数）的数值
	PID控制器 Yaw ▾ 的输出 PID 控制器的输出值
函数体	函数 new_func1 函数体程序
	new_func1 函数模块，封装函数体程序